和小继哥一起学数控车床编程

张 继 编 著

机 械 工 业 出 版 社

本书主要针对 FANUC、广州数控系统的数控车床 G 指令的应用。全书的内容包括螺纹去毛刺的定义、异形槽及油槽的车削方法和公式算法等。在章节的安排上，体现从入门到精通，循序渐进的学习过程，第 1 章讲解数控编程必备的基础知识，第 2 章详细讲解常规 G 指令和子程序的功能及应用，第 3 章讲解各种螺纹的算法及螺纹去半扣毛刺等内容，第 4、5 章是一些异形槽及 8 字油槽的实例运用精讲。在内容讲解上，采用通俗语言跟专业术语相结合以及图文并茂的形式，讲解 G 指令的格式、相关算法和注意事项，使读者可以由浅入深地学习。本书的实例内容都经过实际验证，特别是螺纹去毛刺，可为读者解决多年的困惑，相信通过对本书的学习，读者的专业知识和实践技能可更上一层楼。

本书是国内首本螺纹去半扣毛刺实例教程，填补了机械行业螺纹去半扣毛刺的空白。

本书适合数控技术应用专业刚刚入门的学生、技术人员，以及从普通车工转行学数控车的读者。

图书在版编目（CIP）数据

和小继哥一起学数控车床编程 / 张继编著. —北京：机械工业出版社，2019.3（2025.3重印）

ISBN 978-7-111-62140-9

Ⅰ. ①和… Ⅱ. ①张… Ⅲ. ①数控机床—车床—程序设计

Ⅳ. ①TG519.1

中国版本图书馆CIP数据核字（2019）第036826号

机械工业出版社（北京市百万庄大街22号　邮政编码100037）

策划编辑：周国萍　　责任编辑：周国萍　贺　怡

责任校对：梁　静　　封面设计：马精明

责任印制：邰　敏

三河市骏杰印刷有限公司印刷

2025 年 3 月第 1 版第 16 次印刷

169mm×239mm · 10.25印张 · 212千字

标准书号：ISBN 978-7-111-62140-9

定价：49.00元

电话服务　　　　　　　　　网络服务

客服电话：010-88361066　　机 工 官 网：www.cmpbook.com

　　　　　010-88379833　　机 工 官 博：weibo.com/cmp1952

　　　　　010-68326294　　金 书 网：www.golden-book.com

封底无防伪标均为盗版　　机工教育服务网：www.cmpedu.com

前　言

　　数控车床的广泛使用开创了一个新时代，它改变了制造业传统的生产方式，大量地使用电子技术和自动控制等科技手段，为国家的发展开启了新篇章。

　　本书以打破常规编程为主导，给数控技术应用专业的学生开启了新征程。在常规 G 指令的讲解上通过加工实例，详细解析了常用指令的使用要点和技巧。重点讲解在生产中遇到的不同工件，应该如何进行加工编程、如何选择刀具，以及如何在程序中添加刀尖半径圆弧。

　　本书结构简单、清晰，特点鲜明，便于熟练掌握。同时本书采用了"1+1+1"的学习方式，即"G 指令 + 图样 + 实例算法编程"的学习过程，由浅到深，循序渐进。为了使读者更好地理解，在编程和文字上采用图文并茂的形式，在语言上大量采用通俗语言，让枯燥的学习变得更加有趣，通俗易懂。

　　本书结合了编著者 8 年数控编程经验，打破常规数控说明书的形式，全部以一线实例编程。每一个 G 指令都有详细讲解及编程实例供读者学习参考。同时，还加入了编著者多年螺纹去半扣毛刺算法及逻辑思路，为行业螺纹去半扣毛刺开启了新篇章，填补了机械行业的空白。

　　本书主要针对 FANUC、广州数控系统的数控车床 G 指令的应用。本书的内容包括螺纹去毛刺的定义、异形槽及油槽的车削方法和公式算法等。

　　在章节的安排上，体现从入门到精通，循序渐进的学习过程，第 1 章讲解数控编程必备的基础知识，第 2 章详细讲解常规 G 指令和子程序的功能及应用，第 3 章讲解各种螺纹的算法及螺纹去半扣毛刺等内容，第 4、5 章是一些异形槽及 8 字油槽的实例运用精讲。

　　本书在内容讲解上，采用通俗语言跟专业术语相结合以及图文并茂的形式，讲解 G 指令的格式、相关算法和注意事项，使读者可以由浅入深地学习。本书的实例内容都经过实际验证，特别是螺纹去毛刺，可为读者解决多年的困惑，相信通过对本书的学习，读者的专业知识和实践技能可更上一层楼。

本书适合数控技术应用专业刚刚入门的学生、技术人员，以及从普通车工转行学数控车的读者学习。

在本书的编写过程中，得到了两位朋友的支持和帮助。在此特别感谢刘棋（网名"鬼谷"，有7年宏程序开发经验，为机械从业者开发"微智造"APP，集学、用、分享于一体）和兰智勇（网名"No1✓☞蓝百万 ☜"，有10年数控编程经验）的大力支持。

由于编著者水平有限，书中难免有不足之处，还望读者和前辈们帮忙指出，在此表示衷心的感谢！

编著者

目　录

第1章

编程必备基础知识

1.1　坐标系

1）牢记数控车床的坐标系命名和运动方向

2）掌握绝对（相对）坐标及混合坐标编程

1. 坐标系的定义

如果你想学数控车床，那么，就必须了解坐标系的定义。对数控车床的坐标系命名和运动方向的了解是非常重要的，数控车床的操作者、维修人员及专业学生，都必须对其有一个正确的理解。数控车床由 Z 轴和 X 轴组成，如图 1-1 所示为车床的坐标系示意图。

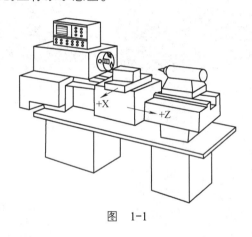

图　1-1

2. 通过图 1-1 说明

1）Z 轴为水平面的左右方向，也就是从主轴到尾座这个方向，Z 轴是用来控制工件长度的，向主轴或者工件靠近的方向为负，向尾座靠近的方向为正。

2）X 轴为水平面的前后方向，也就是以主轴为中心，面朝自己移动的方向为正，反之为负，X 轴是用来控制工件大小的。

本书采用平导轨数控车床，由 Z 轴和 X 轴组成的直角坐标系来进行定位和车削，本书支持前（后）刀座编程，常规来说从车床的正面看，以主轴为中心，刀架在你面前的为前刀座，如图 1-2 所示为前刀座坐标系。刀架在主轴后面的为后刀座，如图 1-3 所示为后刀座坐标系。

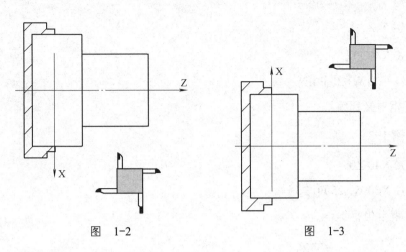

图 1-2   图 1-3

从图 1-2 和图 1-3 可以看出，前刀座和后刀座 X 轴的方向是相反的，而 Z 轴方向是一样的，在本书后面的内容中，我们以前刀座进行编程，有需要用到后刀座的读者可以以此类推。

3. 绝对坐标和相对坐标

在我们的编程格式中，除 Z 代表长度以外，还有 W、Z 为绝对坐标值，W 为相对坐标值；除 X 代表大小以外，还有 U、X 为绝对坐标值，U 为相对坐标值，见表 1-1。

表　1-1

绝对坐标系代码	相对坐标系代码	备注
X	U	X 轴的移动代码
Z	W	Z 轴的移动代码

前边我们了解了坐标系，下面通过编制图 1-4 程序来举例说明怎么用坐标系进行编程。

Z 轴、X 轴绝对坐标从起点到终点编程用 Z 表示，见例 1-1。

Z 轴、X 轴相对坐标从起点到终点编程用 W 表示，见例 1-2。

Z 轴、X 轴混合坐标从起点到终点编程用 U 表示，见例 1-3。

例 1-1

G0 X40 Z0;

G1 X60 Z−25 F0.2;

（绝对坐标编程）

例1-2

G0 X40 Z0;

G1 U20 W-25 F0.2;

（相对坐标编程）

例1-3

G0 X40 Z0;

G1 X60 W-25 F0.2;

（混合坐标编程）

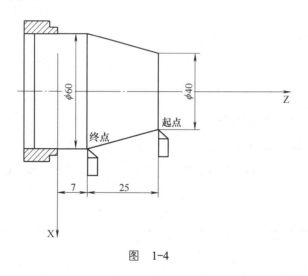

图 1-4

1.2 程序名

本节学习知识点及要求

1）牢记程序名的结构

2）掌握程序段的应用

程序的结构由多个程序段组成，而程序段则是由代码、英文字母和数字构成。程序段结束代码用";"表示，程序结束符用"%"表示，程序的结构图如图1-5所示。

在系统中，程序名有5位，第1位为代码地址，用"O"表示，后面4位为程序号，用阿拉伯数字表示，0001～9999 都可以，如图 1-6 所示。编写程序名在整个数控编程中是第一步，就像人的脑袋一样，没有程序名，后面就无法进行编程。

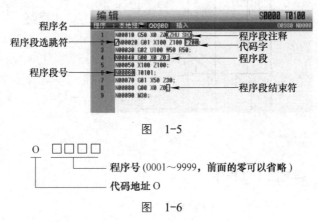

图　1-5

图　1-6

1.3　程序段顺序号

1）牢记程序的结构

2）掌握顺序号的格式

在某些数控系统中，每次编程的时候，都会自动跳出顺序号，也有个别系统不会自动跳出，具体可通过参数进行修改，在程序段的开头可以用地址"N"和后面的 4 位数构成顺序号，如图 1-7 所示。

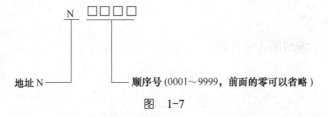

图　1-7

顺序号是任意的，其间隔也不等，我们通过图 1-8 来举例说明。程序段开头全部用顺序号，见例 1-4；也可以在重要的程序段使用顺序号，见例 1-5。常规的顺序号设置一般从小大依次排序。

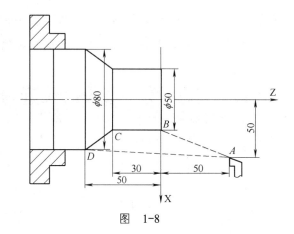

图 1-8

例 1-4 编制图 1-8 程序。

O0001;	（程序名）
G99;	（每转进给）
N1 T0101 M08;	（换 1 号刀，开切削液）
N2 M3 S600;	（主轴正转，转速为 600r/min）
N3 G0 X50 Z2;	（快速定位到 B 点附近）
N4 G1 Z-30 F0.2;	（从 B 点切削至 C 点）
N5 X80 W-20;	（从 C 点切削至 D 点）
N6 G0 X100 Z50;	（快速退回 A 点）
N7 M5;	（主轴停止）
N8 M9;	（关闭切削液）
N9 M30;	（程序结束）
N10 %	

例 1-5 编制图 1-8 程序。

O0001;	（程序名）
G99;	（每转进给）
N1 T0101 M08;	（换 1 号刀，开切削液）
M3 S600;	（主轴正转，转速为 600r/min）
G0 X50 Z2;	（快速定位到 B 点附近）

G1 Z-30 F0.2;   （从 *B* 点切削至 *C* 点）

X80 W-20;   （从 *C* 点切削至 *D* 点）

N2 G0 X100 Z50;   （快速退回 *A* 点）

M5;   （主轴停止）

M9;   （关闭切削液）

M30;   （程序结束）

%

1.4　刀具指令

本节学习知识点及要求

1）了解刀具功能

2）熟练运用刀具功能的变化

刀具功能是由地址"T"及后面两位数字来选择机床上的刀具，在实际加工中，我们运用的是地址"T"及后面4位数，后4位分别代表各自功能，地址"T"后面数值的后两位代表刀具补偿号，也就是刀补号，"T"后两位代表刀号，也就是刀具选择号，如图1-9所示。

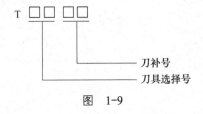

图　1-9

关于"T"指令的使用，机床系统不同，使用上也有不同，具体可参照机床的使用说明书。下面进行实际编程示例。

例 1-6

O0002;

G99;

T0101;（01 就是 1 号刀，后两位就是刀补号 01，如图 1-10 所示）

M03 S600;

⋮

M05;

M09;

G0 Z150;

M30;

%

看到这里，可能有很多读者就有疑问了：图 1-10 所示的刀补页面里面不是"001"吗？怎么在程序里面成"01"了，还有如果我用 3 号刀补号，该怎么编程呢？现在就告诉你，前面的零可以省略。如果你用 1 号刀，想执行 3 号刀补，就编"T0103"；如果你用 3 号刀，想执行 3 号刀补，就编"T0303"；其他刀号，只要以此类推就可以了。

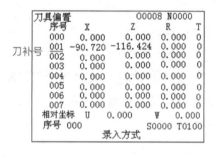

图 1-10

1.5 M 指令

本节学习知识点及要求

1）牢记所有 M 指令

2）灵活运用

M 指令由地址 M 加两位数字组成，系统把对应的控制信号送给机床，用来控制机床的相应功能。M 指令又称辅助功能（M 功能），常见的 M 指令见表 1-2。

表 1-2

指 令	功 能
M00	程序暂停，可以按"启动"继续执行程序
M01	程序有条件停止
M02	程序结束，在程序的最后一段被写入
M03	主轴顺时针转
M04	主轴逆时针转
M05	主轴停
M06	更换刀具：在机床数据有效时用 M6 直接更换刀具，其他情况下直接用 T 指令进行
M07	2 号切削液开
M08	1 号切削液开
M09	切削液关闭
M10	夹紧（滑座、工件、夹具、主轴等）
M11	松开（滑座、工件、夹具、主轴等）
M12	不指定（即在将来修订标准时，可能对它规定功能）
M13	主轴顺时针方向运转、切削液打开
M14	主轴逆时针方向运转、切削液打开
M15	正方向运动
M16	负方向运动
M17、M18	不指定（即在将来修订标准时，可能对它规定功能）
M19	主轴定向停止
M20 ～ M29	永不指定
M30	程序结束
M31	互锁旁路
M32 ～ M35	不指定
M36	进给范围 1
M37	进给范围 2
M38	主轴速度范围 1
M39	主轴速度范围 2
M40	自动变换齿轮集
M41 ～ M45	如有需要可作为齿轮换档，除此之外不指定
M46、M47	不指定
M48	注销 M49
M49	进给率修正旁路
M50	3 号切削液开
M51	4 号切削液开
M52 ～ M54	不指定
M55	刀具直线位移，位置 1

（续）

指 令	功 能
M56	刀具直线位移，位置2
M57～M59	不指定
M60	更换工件
M61	工件直线位移，位置1
M62	工件直线位移，位置2
M63～M70	不指定
M71	工件角度位移，位置1
M72	工件角度位移，位置2
M73～M89	不指定
M90～M99	永不指定

当移动指令和M指令在同一个程序段时，或者刀具指令同M指令在同一个程序段时，移动指令和M指令还有刀具指令同时开始执行，见例1-7。

例 1-7

O0003;

G99;

T0303 M08;　　　　　　（M指令和刀具指令同时出现，它们同时执行）

M03S600;

…

M05;

G0 Z150 M09;　　　　　（快速移动指令和M指令同时出现，它们同时执行）

M30;

%

在某些数控系统中，同一程序段不能出现两个M指令，否则会报警，无法执行，见例1-8。

例 1-8

G99;

T0303 M03 S600 M08;　　（在某些数控系统中，同一程序段出现两个M指令，
　　　　　　　　　　　　　　错误，报警，无法执行）

G0 X⋯Z⋯;

⋯

M05;

G0 Z150 M05 M09;　　　（同一程序段出现两个 M 指令，在某些系统中是错误的）

M30;

%

读者一定要牢记 M 指令是系统设计者开发的，我们只需记住它，并灵活地运用。

1.6　加工转速

本节学习知识点及要求

1）了解转速算法

2）熟练掌握圆周率转速公式法

在数控系统中，转速由英文字母"S"表示，具体后面几位数，可根据数控系统决定。一般数控系统"S"后面由 4 位阿拉伯数字组成，如图 1-11 所示。但是在实际加工中，有 40% 的人可能不懂转速的算法，也许在工作中都是随便给转速，或者根据自己的经验自定义转速。其实数控机床的转速是根据线速度计算的，见式（1-1）。

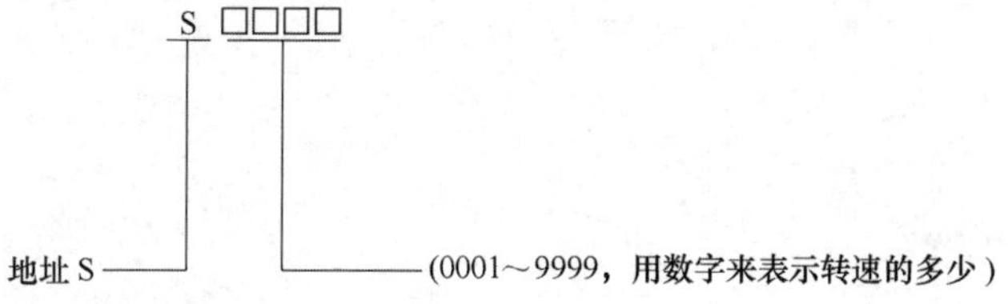

S □□□□

地址 S　　　　　　　　　　(0001～9999，用数字来表示转速的多少)

图　1-11

$$n = \frac{1000v_c}{\pi d}$$　　　　　　　　　（1-1）

式中　n——转速（r/min）

π——圆周率（3.14）

d——工件直径（mm）

读到这里，可能读者就有疑问了：那么线速度是怎么来的呢？其实线速度就是你用的刀片盒子背面的字母 v_c，v_c 后面都有一个数值，比如 v_c=80 ～ 180m/min。打个比方，现在你要车削一个直径为 300mm 的工件，就用刀片盒子上的最低要求 80m/min 来进行计算，见例 1-9。

例 1-9

300×3.14=942（外径 × 圆周率 =942mm）

80×1000=80000（线速度 ×1000=80000mm/mim）

80000÷942 ≈ 85（转速 ≈ 85r/min）

通过式（1-1）对一个直径为 300mm 的工件进行转速计算，算出其转速是 85r/min，转换成程序就是"S85"。

本章到这里就结束了，请读者务必掌握数控车床的基础知识，熟练运用到编程当中。

第 2 章

指令和子程序编程精讲

2.1 G00 快速移动

本节学习知识点及要求

1) 了解 G00 快速移动方式

2) 将 G00 指令熟练运用到程序中

G 指令由地址 G 和其后 1 ～ 2 位阿拉伯数字组成，如图 2-1 所示。G 指令分为 00 组、01 组、02 组、03 组、04 组，除 01 组与 00 组指令不能在同一程序段以外，其他同一程序段中可以输入几个不同组的 G 指令。如果在同一程序段中出现两个或者两个以上的同组 G 指令，那么最后一个 G 指令有效，比如 FANUC 可以同时使用两组 G 指令，G32 G03 X_Z_R_。但是有的机床也会报警。

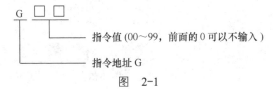

图　2-1

例 2-1　编制图 2-2 程序。

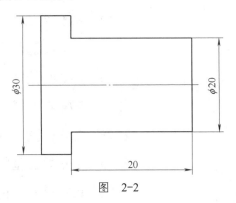

图　2-2

O0001;	（程序号）
G99;	（每转进给）
T0101 M08;	（换 1 号刀，开切削液）
M03 S800;	（主轴正转，转速为 800r/min）
G0 X20 Z2;	（G0 快速定位在 X20、Z2 安全位置）
G1 Z-20 F0.2;	
X32;	

M05;

M09;

G0 Z150;　　　　　　　　　（G0 快速退刀在定位 Z150 安全位置）

M30;

%

G 指令分模态、非模态及初态。其中 00 组 G 指令为非模态 G 指令，其他组 G 指令为模态 G 指令，G00、G97、G98、G40 为初态 G 指令。在 G 指令执行后，其定义功能和状态保持有效，直到被同组 G 指令或其他 G 指令改变，这样的 G 指令为模态 G 指令；每次执行 G 指令时，需要重新输入该指令的为非模态 G 指令；开机后没有输入 G 指令就有效的为初态 G 指令。

2.2　G01 直线切削

本节学习知识点及要求

1）了解 G01 指令功能

2）熟练掌握 G01 指令

G01 指令功能是切削轨迹从起点到终点的一条直线。

指令格式：G01 X（U）_ Z（W）_ F_;

指令说明：

G01：模态指令；

X（U）、Z（W）：可省略一个，当省略一个时，说明该轴的起点和终点一致，如果同时出现，就说明该轴是一条斜线；

F：切削速度。

例 2-2　编制图 2-3 程序。

O0001;　　　　　　　　　（程序号）

G99;　　　　　　　　　　（每转进给）

T0101 M08;　　　　　　　（换 1 号刀，开切削液）

M3 S600;　　　　　　　　（主轴正转，转速为 600r/min）

G0 X50 Z2;　　　　　　　（快速移动到起点安全位置）

G1 Z-20 F0.2;　　　　　（省略了 X 说明这里 X 轴的起点和终点是一致的）

X78.16 W-14.2;　　　　（同时出现 Z 轴、X 轴尺寸，说明这里是一条斜线）

G0 X100 Z50;

M5;

M9;

M30;

%

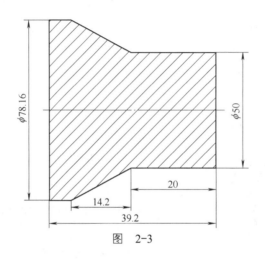

图　2-3

2.3　G02 逆时针圆弧

本节学习知识点及要求

　　1）分清楚逆时针方向

　　2）熟练掌握并运用 G02 指令

　　G02 在前置刀架实际加工中属于逆时针圆弧，在加工中心或后置刀架实际加工中属于顺时针圆弧，都属于圆弧插补。

　　指令格式：G02 X（U）_ Z（W）_ R（I_K_）_ F_;

　　指令说明：

　　Z（W）：Z 轴圆弧插补终点的绝对坐标或相对坐标；

　　X（U）：X 轴圆弧插补终点的绝对坐标或相对坐标；

　　R：圆弧的半径；

I：圆心相对圆弧起点在 X 轴上的差值，这里为半径值；

K：圆心相对圆弧起点在 Z 轴上的差值；

F：圆弧的切削速度。

G02 的功能是指，Z 轴和 X 轴同时从起点位置以 R 指定的值为半径，或者以 I、K 值确定的圆心顺时针（逆时针）圆弧插补至 Z 轴、X 轴指定的终点位置。在这里重点说明 G02 指令运动轨迹是从起点到终点的逆时针（前刀座坐标系）或顺时针（后刀座坐标系）圆弧。前刀座坐标系如图 2-4 所示。

逆时针或顺时针圆弧与采用前、后刀座坐标系有关，如图 2-5 所示。本书采用前刀座坐标系，后面的例题均以此来进行编程讲解。

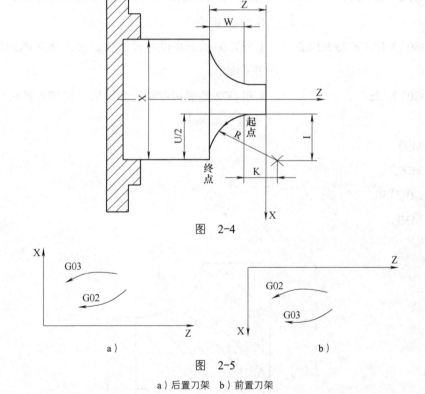

图　2-4

图　2-5

a）后置刀架　b）前置刀架

纵观所有数控系统说明书及其他编程类书籍，没有一本书把 G02 的运用跟实际加工相结合，现在我们一起来解决读者在加工中产生的疑惑。

例 2-3　编制图 2-6 程序。

刀尖圆弧半径 =0.8mm（一把刀尖圆弧半径为 0.8mm 的普通外圆刀）

长度 =15mm−0.8mm=14.2mm（凹圆弧长度减去刀尖圆弧半径长度）

大径 =20mm+14.2mm+14.2mm=48.4mm（圆弧起点尺寸 + 圆弧半径尺寸 +
　　　　圆弧半径尺寸 = 大径）

圆弧半径 =15mm−0.8mm=14.2mm（凹圆弧半径减去刀尖圆弧半径）

O0002;	（程序名）
G99;	（每转进给）
T0101 M08;	（换 1 号刀，开切削液）
M03 S955;	（主轴正转，转速为 955r/min）
G0 X20 Z1;	（快速定位到起点尺寸）
G1 Z-0.8 F0.2;	（因为用 R0.8mm 刀尖，所以这里需要偏移一个 0.8mm 进去）
G02 X48.4 Z-15 R14.2;	（把刀尖圆弧半径考虑进去，加工出来的圆弧是正确的）
G01 X52;	（在 G02 圆弧指令执行完毕后，需加入其他 G 指令进行取消）
M05;	
M09;	
G0 Z150;	
M30;	
%	

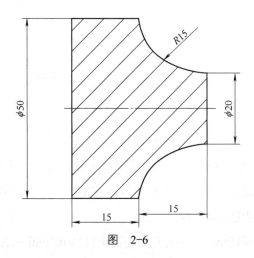

图 2-6

在机械行业中，常用刀片刀尖圆弧半径有 0.2mm、0.4mm、0.8mm 和 1.2mm 等。具体的刀尖圆弧半径的大小及算法，可按例 2-3 进行逻辑运算。请记住一点，当不会用 G41、G42 刀尖半径补偿时，遇到凹圆弧就减去刀尖半径即可。

读者要牢记 G02 带刀尖补偿算法，灵活运用，在实际加工中可解决圆弧问题。

2.4   G03 顺时针圆弧

本节学习知识点及要求

1）分清楚顺时针方向

2）熟练掌握并运用 G03 指令

G03 在前置刀架实际加工中属于顺时针圆弧，在加工中心或后置刀架实际加工中属于逆时针圆弧，都属于圆弧插补。

指令格式：G03 X（U）_Z（W）_R（I_K_）_F;

指令说明：

Z（W）：Z 轴圆弧插补终点的绝对坐标或相对坐标；

X（U）：X 轴圆弧插补终点的绝对坐标或相对坐标；

R：圆弧的半径；

I：圆心相对圆弧起点在 X 轴上的差值，这里为半径值；

K：圆心相对圆弧起点在 Z 轴上的差值；

F：圆弧的切削速度。

G03 的功能是指，Z 轴和 X 轴同时从起点位置以 R 指定的值为半径，或者以 I、K 值确定的圆心顺时针（逆时针）圆弧插补至 Z 轴、X 轴指定的终点位置。在这里重点说明 G03 指令运动轨迹是从起点到终点的顺时针（前刀座坐标系）或逆时针（后刀座坐标系）圆弧。前刀座坐标系如图 2-7 所示。

顺时针或逆时针圆弧与采用前、后刀座坐标系有关，如图 2-8 所示。本书采用前刀座坐标系，后面的例题均以此来进行编程讲解。

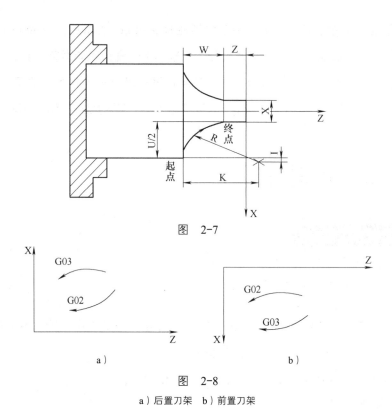

图 2-7

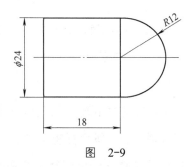

a）

b）

图 2-8

a）后置刀架　b）前置刀架

　　纵观所有数控系统说明书以及其他编程类书籍，没有一本书把 G03 的运用跟实际加工结合，现在我们一起解决这个实际问题。

例 2-4　编制图 2-9 程序。

图 2-9

　　刀尖半径 =0.8mm（一把刀尖圆弧半径为 0.8mm 的普通外圆刀）

　　长度 =12mm+0.8mm=12.8mm（凸圆弧长度加刀尖圆弧半径长度）

　　小径 =24mm-12.8mm-12.8mm=-1.6mm（X 轴圆弧终点尺寸 - 圆弧半径尺寸 - 圆弧半径尺寸 =X 轴小径）

圆弧 =R12mm+R0.8mm=R12.8mm（凸圆弧半径加刀尖圆弧半径）

O0002;   （程序名）

G99;   （每转进给）

T0101 M08;   （换 1 号刀，开切削液）

M03 S1061;

G0 X-1.6 Z1;   （X 轴，圆弧起点）

G1 Z0 F0.2;

G03 X24 Z-12.8 R12.8;   （这里把刀尖圆弧半径考虑进去，加工出来
                                 是正确圆弧）

G01 Z-32;   （在 G03 圆弧指令执行完毕后，需加入其他
                                 G 指令进行取消）

G0 U0.5;   （退刀）

M05;

M09;

G0 Z150;

M30;

%

在机械行业中，常用刀片刀尖圆弧半径为 R0.2mm、R0.4mm、R0.8mm 和 R1.2mm 等。具体的刀尖圆弧大小及算法，可按例 2-4 进行逻辑运算。请记住一点，当不会用 G41、G42 刀尖半径补偿时，遇到凸圆弧就加上刀尖半径即可。

读者应牢记 G03 带刀尖补偿算法，消化例题，在工作中灵活运用。

2.5   G04 暂停

本节学习知识点及要求

1）了解 G04 暂停功能

2）熟练运用 G04 指令

G04 为非模态 G 指令，在数控编程中，切槽用得比较多，G04 的功能是使各轴运动停止，不改变当前的 G 指令模式和保持的数据、状态，暂停指定的时间后，再执行下一个程序段。G04 暂停指令格式如下：

G04 P_;

G04 X_;

G04 U_;

当 P、X、U 在同一程序段中时，P 有效；当 X、U 在同一程序段中时，X 有效；当 P、X 在同程序段时，P 无效，X 有效；当 P、U 在同一程序段时，P 无效，U 有效。暂停功能单位见表 2-1。

表　2-1

地　　址	P	X	U
单　　位	0.001s	1s	1s

G04 不能与 M98 在同一程序段，否则报警。G04 不能与 01 组 G 指令在同一程序段，否则报警。G04 暂停时间可通过机床参数进行设置，参数设置越大暂停时间就越长。基本理论学习完毕，现在用切槽刀切槽实现暂停，下面看看具体编程实例。

例 2-5　编制图 2-10 程序。

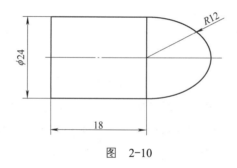

图　2-10

O0003;

G99;

T0404 M08;　　　　　（换 3mm 切槽刀，对刀时以左边刀尖为 Z0 点）

M03 S1061;

G0 X26 Z2;　　　　　（切槽刀安全定位，比工件大 2mm，比 Z0 点长 2mm）

Z-33;　　　　　　　　（用 3mm 切槽刀进行切断，对刀按左边刀刃为 Z0 点，
　　　　　　　　　　　　18+12+3=33）

G1 X15 F0.1;　　　　　（第 1 次切削至 X15）

U0.2;　　　　　　　　（退刀单边 0.2mm）

G04 X1;　　　　　　（这里就表示暂停时间为 1s）

G1 X5 F0.1;　　　　（第 2 次切削至 X5）

U0.2;　　　　　　　（退刀单边 0.2）

G04 X2;　　　　　　（这里暂停时间为 2s）

G1 X0 F0.1;　　　　（第 3 次切削至 X0）

G0 X26;　　　　　　（退刀至 X26，是防止刀在中途坏了或者产品没有切断，
　　　　　　　　　　　保证退刀不受影响）

M05;

M09;

G0 Z100;

M30;

%

通过例 2-5 相信读者已经了解了暂停功能及其应用，在例 2-5 中暂停功能起到排屑、防止卡屑的作用，当然如果你是磨切槽刀的高手，同时还是一名经验丰富的老师傅，就用不到暂停功能了，因为你完全可以通过磨刀来控制铁屑的流向。

2.6　G28 机械回零

本节学习知识点及要求

1）了解机械回零功能

2）熟练掌握并运用 G28 指令

G28 为非模态 G 指令，此指令使轴经过 X（U）、Z（W）指定的中间点返回到机床零点。

指令格式：G28 X（U）_Z（W）；

指令说明：

Z：中间点 Z 轴的绝对坐标；

X：中间点 X 轴的绝对坐标；

W：中间点与起点 Z 轴的绝对坐标差值；

U：中间点与起点 X 轴的绝对坐标差值。

指令地址 X（U）和 Z（W）可省略一个，也可同时出现，见表 2-2。

表 2-2

指　令	功　能	备 注 说 明
G28 Z（W）	Z 轴回机床零点，X 轴保持原位	G28 回机床零点适合斜导轨数控
G28 X（U）	X 轴回机床零点，Z 轴保持原位	
G28 X（U）Z（W）	Z、X 轴同时回机床零点	
G28	保持原位	

例 2-6　编制图 2-11 程序。

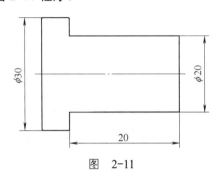

图　2-11

O0002;

G99;

T0101 M08;

M03 S1194;

G0 X20 Z2;

G1 Z-20 F0.2;

X32;

M05;

M09;

G28 W0;　　　　　（这里就是 Z 轴回机床零点，X 轴还是在 X32 的位置）

M30;

%

由例 2-6 不难发现，只出现 G28 机床回零点其中的一个轴，也可以实现机床一轴回零，如果把"G28 W0"改为"G28 U0"，就是 X 轴回机床零点，Z 轴还在 Z-20 的位置。接下来再通过一个例题讲解如何实现两轴同时回零。

例 2-7 编制图 2-11 程序。

O0002;

G99;

T0101 M08;

M03 S1194;

G0 X20 Z2;

G1 Z-20 F0.2;

X32;

M05;

M09;

G28 W0 U0;   （这里 X 轴、Z 轴都同时返回机床零点）

M30;

%

由例 2-7 可知，只要 U、Z 同时出现在同一程序段时，就能实现 X 轴、Z 轴同时返回机床零点。

由于受尾座限制等原因，平导轨数控车床不建议使用机床回零功能。

2.7 G32 等螺距切削

本节学习知识点及要求

1）了解 G32 等螺距切削格式

2）熟练掌握并灵活运用 G32 指令

指令格式：G32 X（U）_Z（W）_F（I）_K_J_Q_;

指令说明：

X（U）：X 向螺纹切削终点的绝对坐标或相对坐标；

Z（W）：Z 向螺纹切削终点的绝对坐标或相对坐标；

F：米制螺纹导程或者螺距，就是主轴每转一圈刀具相对工件的移动量；

I：英制螺纹每英寸牙数；

K：螺纹退尾时在长轴的移动量，如图 2-12 所示；

J：X 轴螺纹退尾长短轴的移动量，如图 2-12 所示；

Q：起始角，指定主轴一转信号与螺纹切削起点的偏移角度。

两轴同时从起点位置（G32 指令运行前的位置）到 X（U）、Z（W）指定的终点位置之间的切削加工如图 2-13 所示。

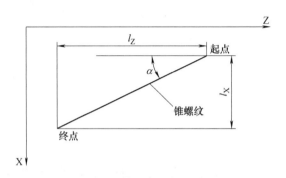

图　2-12

注：当 $l_x \geq l_z$（$\alpha \leq 45°$）时，Z 轴为长轴；

当 $l_x \geq l_z$（$\alpha > 45°$）时，X 轴为长轴。

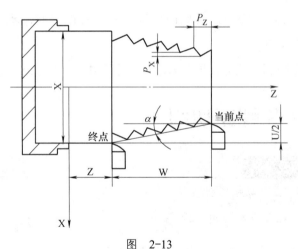

图　2-13

G32 等螺距切削注意事项：

1）在螺纹切削开始及结束部分，一般由于升降速度的原因会导致导程（螺距）不正确或者螺纹长度不标准，因此螺纹切削长度需要比图样螺纹长度长。

2）在螺纹切削过程中，进给速度倍率无效，指定为 100%。因为如果改变主轴倍率，由于速度原因会导致乱牙。

3）在螺纹切削时主轴必须转起来，否则螺纹会处于等待状态无法切削，在螺纹切削过程中，主轴不能停止。

4）进给保持在螺纹切削过程中无效，车削完一刀后，可用单段选择停止。

5）主轴转速必须是恒定的。当主轴转速发生变化时，螺纹会或多或少地产生偏差。

6）F、I不能同时出现在同一程序段，否则发生报警。

我们已经学习了理论知识跟 G32 等螺距格式，下面用公（米）制螺纹进行实例编程。

例 2-8　编制图 2-14 程序。

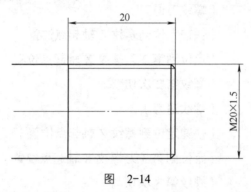

图　2-14

刀片：V 型 60° 外圆螺纹刀

大径 =20mm−0.1mm=19.9mm（M20 的螺纹外径，一般外圆都要小 0.1 ～ 0.15mm）

牙高 =1.5mm×1.2=1.8mm（这里为直径值）

底径 =19.9mm−1.8mm=18.1mm（底径 = 大径 − 牙高）

注：米制螺纹双边牙高一般用螺距乘以 1.1 ～ 1.4。

O0002;

G99;

T0101 M08;　　　　（换 1 号刀，开切削液，用 1 号刀来车削外圆）

M03 S1273;　　　　（主轴正转，转速为 1273r/min，根据线速度算出）

G0 X24 Z0;　　　　（毛坯直径为 22mm，这里定位比毛坯大 2mm）

G1 X-1.6 F0.2;　　　（G1 车削平面，由于刀尖圆弧半径为 0.8mm，所以定位在 X-1.6，切削速度为 0.2mm/r）

X15.9;　　　　　　（G1 移动到倒角起点位置）

X19.9 W-2;　　　　　　（开始倒角，长度为 2mm）

Z-20;　　　　　　　　（车削长度为 20mm，也可以车削长一点，具体根据工件决定）

G0 U2 Z150;　　　　　（退刀，退到安全位置）

T0202 M08;　　　　　　（换 2 号螺纹刀，开切削液）

M03 S800;　　　　　　（主轴正转，转速为 800r/min）

G0 X19.5 Z2;　　　　　（快速定位到第 1 刀螺纹起点）

G32 Z-20 F1.5;　　　　（螺纹第 1 次切削）

G0 X22;　　　　　　　（螺纹刀退刀）

Z2;　　　　　　　　　（快速定位到螺纹 Z 轴起点位置）

X19.1;　　　　　　　　（定位到第 2 刀螺纹 X 轴起点位置）

G32 Z-20 F1.5;　　　　（螺纹第 2 次切削）

G0 X22;　　　　　　　（螺纹退刀）

Z2;　　　　　　　　　（快速定位到螺纹 Z 轴起点位置）

X18.8;　　　　　　　　（定位到第 3 刀螺纹 X 轴起点位置）

G32 Z-20 F1.5;　　　　（螺纹第 3 次切削）

G0 X22;　　　　　　　（螺纹刀退刀）

Z2;　　　　　　　　　（快速定位到螺纹 Z 轴起点位置）

X18.5;　　　　　　　　（定位到第 4 刀螺纹 X 轴起点位置）

G32 Z-20 F1.5;　　　　（螺纹第 4 次切削）

G0 X22;　　　　　　　（螺纹刀退刀）

Z2;　　　　　　　　　（快速定位到螺纹 Z 轴起点位置）

X18.1;　　　　　　　　（定位到螺纹 X 轴起点位置）

G32 Z-20 F1.5;　　　　（螺纹第 5 次切削）

G0 X22;　　　　　　　（螺纹刀退刀）

M05;

M09;

G0 Z150;

M30;

%

通过例 2-8 可以看出，用 G32 车削螺纹只能一段一段地切削，每次都需要重新定位。如果在工作中用 G32 车削螺纹还是比较麻烦的，本例题中的螺纹切削量较大，具体切削量大小可根据材料自行定夺。看到这里可能读者就会疑惑了：那 G32 可以车削锥度螺纹吗？答案是可以的。下面进行锥度螺纹实例编程，假设图 2-15 锥度螺纹的螺距为 1.5mm。

例 2-9 编制图 2-15 程序。

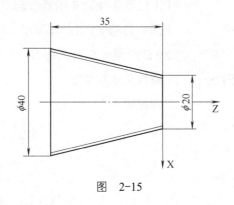

图　2-15

刀片：V 型 60° 外圆螺纹刀

牙高 =1.5mm×1.2=1.8mm（牙高）

大头小径 =40mm-1.8mm=38.2mm（大头小径 = 大头直径 - 牙高）

小头小径 =20mm-1.8mm=18.2mm（小头小径 = 小头直径 - 牙高）

车削螺纹定位小头小径 =17.06mm[（38.2mm-18.2mm）÷2÷35mm ≈ 0.286，然后用 0.286×2mm 算出定位长度 ≈ 0.57mm，最后用 18.2mm-0.57mm-0.57mm=17.06mm]

注：米制螺纹牙高一般用螺距乘以 1.1 ～ 1.4。

```
T0303 M08;

M03 S600;

G0 X19.5 Z2;              （定位到小头螺纹起点位置）

G32 X39.5 Z-35 F1.5;      （螺纹第 1 次切削）

G0 X42;                   （螺纹退刀）

Z2;                       （定位到第 2 次车削螺纹起点）

X19;                      （定位到第 2 次车削 X 轴螺纹起点）
```

G32 X39 Z-35 F1.5;　　　　（螺纹第 2 切削）

G0 X42;　　　　　　　　　（螺纹退刀）

Z2;　　　　　　　　　　　（定位到第 3 次车削螺纹起点）

X17.5;　　　　　　　　　　（定位到第 3 次车削 X 轴螺纹起点）

G32 X38.5 Z-35 F1.5;　　　（螺纹第 3 次切削）

G0 X42;　　　　　　　　　（螺纹退刀）

Z2;　　　　　　　　　　　（定位到第 4 次车削螺纹起点）

X17.06;　　　　　　　　　（因为是从 Z2 开始车削的，所以当螺纹刀车削到 Z0 的时候，X 轴就是 18.2）

G32 X38.2 Z-35 F1.5;　　　（螺纹第 4 次切削）

G0 X42;　　　　　　　　　（螺纹退刀）

M05;

M09;

G0 Z150;

M30;

%

通过例 2-9 可以发现，G32 后面带 X 轴就是车削锥度螺纹。用 G32 车削锥度螺纹还是比较麻烦的，每次切削需要重新定位，其实在加工常规螺纹时，G32 这个指令用的相对较少。以上就是 G32 车削锥度螺纹的格式、具体切削量和切削参数，可根据不同材料指定。在工作中，很多人没有车削过端面螺纹，下面来一起学习如何车削端面螺纹，普通车床自定心卡盘装爪子的就是端面螺纹。下面进行实例编程。

例 2-10 编制图 2-16 程序。

T0303 M08;　　　　（换 3 号端面螺纹刀，开切削液）

M03 S300;　　　　　（主轴正转，转速为 300r/min）

G0 X80 Z2;　　　　　（定位到安全位置）

Z-1;　　　　　　　　（第 1 刀切削 1mm）

G32 X25 F10;　　　　（螺纹车削到 X25，比内孔小就可以了）

G0 Z2;　　　　　　　（退刀）

X80;　　　　　　　　（定位到 X 轴安全位置）

Z-2; （第 2 刀切削 1mm）

G32 X25 F10; （螺纹车削到 X25，比内孔小就可以了）

G0 Z2; （退刀）

X80; （定位到 X 轴安全位置）

Z-3; （第 3 刀切削 1mm）

G32 X25 F10; （螺纹车削到 X25，比内孔小就可以了）

G0 Z2; （退刀）

X80; （定位到 X 轴安全位置）

Z-4; （第 4 刀切削 1mm）

G32 X25 F10; （螺纹车削到 X25，比内孔小就可以了）

G0 Z120; （退刀）

M05;

M09;

M30;

%

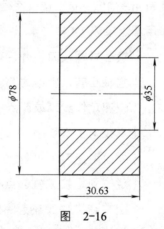

图　2-16

注：端面螺纹螺距为 10mm，深度为 4mm。

　　通过例 2-10，我们学习到了如何用 G32 车削端面螺纹。例题中的切削量较大，在实际操作中的具体切削参数请读者根据工件材料及车刀决定，这里就不多说了。看到这里，细心的读者可能会发现，以上都是车削外圆或者端面，要是想车削内孔螺纹呢？其实内孔螺纹也是一样的车削方法，只是定位不同而已，下面进行实例编程。

例 2-11　　编制图 2-17 程序。

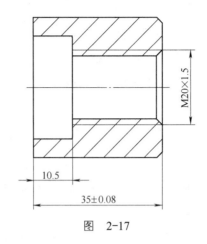

图　2-17

刀片：V 型 60° 内孔螺纹刀

牙高 =1.5mm×1.2=1.8mm

内孔 =ϕ20mm-1.5mm=ϕ18.5mm（内孔的尺寸）

螺纹底径 =ϕ18.5mm+1.8mm=ϕ20.3mm（螺纹底径 = 内孔尺寸 + 牙高）

注：米制螺纹牙高一般用螺距乘以 1.1 ～ 1.4。

T0202 M08;	（换 2 号螺纹刀，开切削液）
M03 S800;	（主轴正转，转速为 800r/min）
G0 X19 Z2;	（快速定位到螺纹起点）
G32 Z-27 F1.5;	（螺纹第 1 次切削）
G0 X17;	（螺纹刀退刀）
Z2;	（定位到螺纹 Z 轴起点位置）
X19.5;	（定位到螺纹 X 轴起点位置）
G32 Z-27 F1.5;	（螺纹第 2 次切削）
G0 X17;	（螺纹退刀）
Z2;	（定位到螺纹 Z 轴起点位置）
X20	（定位到螺纹 X 轴起点位置）
G32 Z-27 F1.5;	（螺纹第 3 次切削）

G0 X17; 　　　　　　　（螺纹退刀）

Z2; 　　　　　　　　　（定位到螺纹 Z 轴起点位置）

X20.3; 　　　　　　　（定位到螺纹 X 轴起点位置）

G32 Z-27 F1.5; 　　　　（螺纹第 4 次切削）

G0 X17; 　　　　　　　（螺纹退刀）

M05;

M09;

G0 Z150;

M30;

%

读者一定要消化本节所有例题，灵活运用。如果你是初学者，可以适当了解一下，毕竟 G32 用得不多，一般做模具配件、异形螺纹和油槽等用得相对较多，常规螺纹可以用其他螺纹指令，这个在后面的内容中会讲到。

2.8　G33 攻螺纹循环

本节学习知识点及要求

　1）了解攻螺纹循环特性

　2）熟练掌握并灵活运用 G33 指令

指令格式：G33 Z（W）_F（I）_;

指令说明：

Z（W）：Z 轴攻螺纹的深度；

F：米制螺纹导程；

I：英制螺纹每英寸牙数。

攻螺纹循环是指 Z 轴从起点位置到终点位置进行攻螺纹，到达终点后，主轴自动反轴，Z 轴自动返回攻螺纹起点。G33 攻螺纹循环适合广州数控系统，KDN 系统用 G93 进行攻螺纹，FANUC 系统则使用 G84 攻螺纹，在工作中用到攻螺纹循环的一般都是数控加工小件产品，下面进行实例编程。

例 2-12　编制图 2-18 程序。

T0101 M08;　　　　　　　　（换 1 号刀上面的螺纹丝锥，开冷却液）

M03 S100;　　　　　　　　　（这里的转速根据材料确定）

G0 X0 Z3;　　　　　　　　　（定位到 X 轴零点、Z 轴安全位置）

G33 Z-31.39 F1.5;　　　　　（攻螺纹到终点后，主轴会自动反转返回 Z 轴起点，
　　　　　　　　　　　　　　　 F 代表公制螺纹导程）

M05;

M09;

G0 Z150;

M30;

%

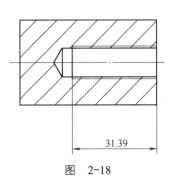

31.39

图　2-18

　　通过例 2-12，相信读者对攻螺纹循环有了全新的认识。里面终点的长度主要根据主轴刹车决定，如果刹车不好，距离可以短点，不然攻到底部时丝锥就断了。这个攻螺纹循环的好处就是自动进刀，到达终点后自动反转自动退刀。建议使用专业丝锥夹头，当然普通的夹头或者直接装在压刀架上也可以，但效果不是很好。接下来进行英制螺纹实例编程。

例 2-13　编制图 2-18 程序。

T0101 M08;　　　　　　　　（换 1 号刀上面的螺纹丝锥，开冷却液）

M03 S100;　　　　　　　　　（这里的转速根据材料确定）

G0 X0 Z3;　　　　　　　　　（定位到 X 轴零点、Z 轴安全位置）

G33 Z-31.39 I14;　　　　　 （攻螺纹到终点后，主轴自动反转返回 Z 轴起点，
　　　　　　　　　　　　　　　 I 代表英制螺纹每英寸牙数）

M05;

M09;

G0 Z150;

M30;

%

通过例 2-13 会发现，英制攻螺纹就是将例 2-12 中的 F 转换成 I，其他的都没有变化。不管什么螺纹，在攻螺纹的时候，F 或 I 需根据螺纹螺距决定。

2.9 G34 变螺距切削

本节学习知识点及要求

1）分析变螺距指令的格式变化

2）熟练掌握并灵活运用 G34 指令

指令格式：G34 X（U）_ Z（W）_ F（I）_ K_;

指令说明：

X（U）：X 轴切削终点的绝对坐标或相对坐标;

Z（W）：Z 轴切削终点的绝对坐标或相对坐标;

F：米制螺纹导程，螺纹起点的螺距;

I：英制螺纹每英寸牙数，螺纹起点螺距;

K：主轴每转螺距的增量或减量。

变螺距切削是指两轴同时从起点位置到 X、Z 轴指定的终点位置的螺纹切削过程，此指令可以切削直螺纹、锥螺纹和端面螺纹。在工作中应用十分广泛，比如机械制造、航空航天和船舶等领域。

例 2-14 编制图 2-19 程序。

T0101 M08;　　　　　（换 1 号刀车螺纹，刀宽为 5mm。开切削液）

M03 S200;　　　　　（主轴正转，转速为 200r/min，转速可以根据具体材料确定）

G0 X47 Z8;　　　　　（定位到螺纹 X 轴终点，Z 轴起点为 Z8）

G34 Z-62 F6 K2;　　（第 1 次车削，长度为 62mm，螺距为 6mm，每转
增量为 2mm）

G0 X52;　　　　　（螺纹退刀）

G0 Z8;　　　　　　（退回螺纹起点）

X44；　　　　　　（定位到螺纹 X 轴终点，一刀车 3mm）

G34 Z-62 F6 K2;　　（第 2 次车削）

G0 X52;

Z8;

X41;　　　　　　（定位到 X 轴终点，一刀车 3mm）

G34 Z-62 F6 K2;　　（第 3 次车削）

G0 X52;

G0 Z8;

X40;　　　　　　（定位到 X 轴终点，一刀车 1mm）

G34 Z-62 F6 K2;　　（第 4 次车削）

G0 X52;

M05;

M09;

G0 Z150;

M30;

%

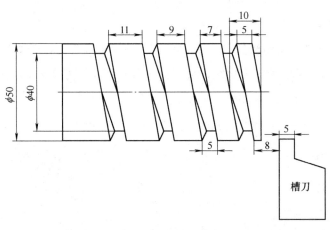

图　2-19

看到这里可能读者就疑惑了：导程不是10mm吗？编制的程序里怎么是F6呢？细心的读者也许会发现，第1个导程是10mm，刀具距离端面的距离是8mm，那么起点上的第1个导程实际是：6mm+2mm=8mm，所以编程时距离在8mm的位置上。以上例题中的转速和切削量都只是一个格式，在实际加工的时候需要小量切削，这样不容易坏刀。在这里就不介绍了，因为如果1刀切削0.1mm，程序会很长。

2.10 G40 刀尖补偿取消

本节学习知识点及要求

1）了解刀尖补偿是什么

2）通过例题能够熟练运用 G40 指令

G40 属于模态指令，G40 的功能为刀尖补偿取消，可以配合 G41、G42 一起使用，也可以单独使用，比如可以在刀具代码前面加 G40。这样有什么作用呢？其作用是防止出错，下面通过例题进行讲解。

例 2-15 编制图 2-20 程序。

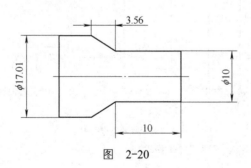

图 2-20

G40 T0101 M08;　　（G40 用于防止出错）

M03 S1000;

G0 X0 Z2;

G1 Z0 F0.2;

G42 X10;　　　　（执行刀尖半径补偿）

Z-10;

X17.01 W-3.56;

W-2 G40;　　　　　（G40 用于取消刀尖半径补偿）

G0 U2;

M05;

M09;

G0 Z150;

M30;

%

在例 2-15 中的 T0101 前面有个 G40，可能很多读者想不明白，那里的 G40 是如何防止出错的呢？假如正在车削 Z-10 那段，突然刀坏了，当手动退出来并从程序开头车削时，会发生两种情况：①直接撞刀；②停止不动。所以考虑到意外因素，加上 G40 保险，在实际加工中的效果显著。现在通过图 2-21 看看刀尖半径补偿的运行轨迹。

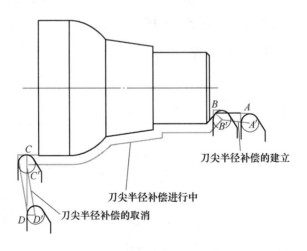

图　2-21

图 2-21 就是刀尖半径补偿的运行轨迹，从补偿建立到补偿进行再到补偿取消，分为 3 段，刀尖半径补偿取消为最后一段，也就是说 G40 只能加在补偿的最后，接下来看一下内孔如何取消刀尖半径补偿。

例 2-16　编制图 2-22 程序。

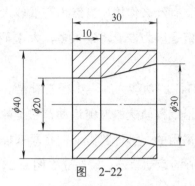

图　2-22

G40 T0202 M08;　　　　（G40 用于防止出错）

M03 S950;

G0 X33 Z2;　　　　　　（安全定位）

G1 Z0 F0.2;　　　　　　（靠近工件）

G41 X30;　　　　　　　（内孔从右到左车削，2 号假想刀尖方向）

X20 W-20;

Z-32 G40;　　　　　　（直线部分不需要半径补偿就可以用 G40 取消了）

G0 U-1;　　　　　　　（退刀）

M05;

M09;

G0 Z150;

M30;

%

　　例 2-16 是一个内孔口头为锥度、后面为直线的工件，锥度需要刀尖补偿，直线则不需要，所以在直线部分就可以用 G40 取消掉。

　　G40 刀尖半径补偿取消的位置很重要，一旦格式不对就会过切。

2.11　G41 刀尖半径左补偿

本节学习知识点及要求

1）了解 G41 左补偿的由来

2）了解 G41 左补偿的作用

3）消化例题并熟练掌握 G41 指令

在上一节中讲了 G40，G40 要跟 G41 配合使用。其实在实际工作中，很多人不懂假想刀尖是什么、有什么作用，当然也有很多人根本不会用，数控说明书上写的也看不懂，可能是因为专业术语太多，大家不理解。现在我们就从一个学徒的角度去理解。

G41 为模态指令，G41 的功能为刀尖半径左补偿。为什么属于左补偿呢？因为它是刀尖圆弧中心沿编程轨迹的左侧运动，它是数控系统为了消除刀尖圆弧对加工精度的影响而采用的一种计算方法，将原来控制假想刀尖的运动轨迹转换成控制刀尖圆弧中心的运动轨迹。现在通过图 2-23 来看看实际刀尖跟假想刀尖的区别。

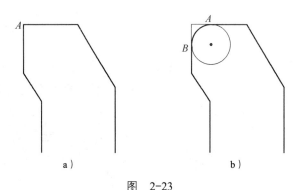

图　2-23

a）90°外圆刀假想刀尖　b）90°外圆刀实际刀尖

从图 2-23 可以清楚地看到，假想刀尖是没有圆弧的，而实际刀尖是有圆弧的。那么既然有圆弧就要补偿，这就是刀尖半径补偿的由来。下面通过图 2-24 对比一下假想刀尖跟实际刀尖加工锥面的轨迹。

假想刀尖加工轨迹　　　　　　　实际刀尖加工轨迹

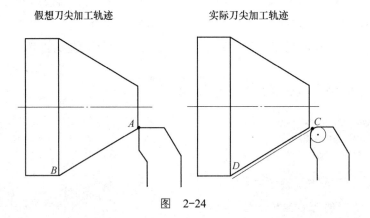

图　2-24

通过图 2-24 可以发现，假想刀尖加工轨迹 A 到 B 车削出来的尺寸是准确的，而带圆弧的实际刀尖从 C 车削到 D 明显达不到尺寸，因为刀尖有个圆弧，车削出来的尺寸肯定会偏大，这也可以说明，用带刀尖圆弧的刀加工锥度是需要刀尖半径补偿的，接下来继续通过图 2-25 了解加工圆弧需不需要刀尖半径补偿。

假想刀尖加工轨迹   实际刀尖加工轨迹

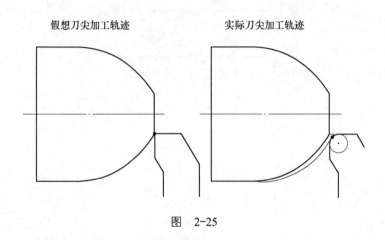

图 2-25

像图 2-25 这种图形，目前有两种方法，一种在本书的 2.2 节和 2.3 节讲过，可以把刀尖圆弧加在工件圆弧上面去，那么另外一种方法就是用刀尖半径补偿来实现假想刀尖编程。刀尖半径补偿的原理介绍完毕了，接下来看看刀尖半径补偿指令，见表 2-3

表 2-3

G 指令	功　能	刀 具 轨 迹
G40	取消刀尖补偿	假想刀尖沿编程轨迹运动
G41	左补偿	假想刀尖沿编程轨迹左侧运动
G42	右补偿	假想刀尖沿编程轨迹右侧运动

从表 2-3 可以很清楚地看到每个指令的功能和运动轨迹。可能很多读者会问了，那么 G41 具体要怎么用呢？现在通过图 2-26 来看看。

从图 2-26 可以看到，G41 是从右往左车削内孔的，反之从左往右车削内孔的就是 G42 了。G42 是从右往左车削外圆，刚好跟内孔相反。如果你不知道左右，你应该知道自己的左右手吧，这是一个非常简单的方法，主要是好记。下面看看图 2-27 中 G41 是如何车削外圆的。

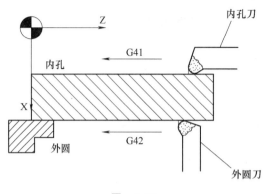

图 2-26

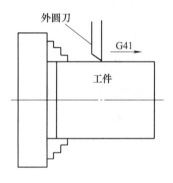

图 2-27

　　从图 2-27 可知，G41 是从左往右车削外圆的，跟图 2-26 中车削内孔的方向刚好相反，只要记住不管前置刀架还是后置刀架或者排刀架，G41 方向都是一样的。主要是看刀尖的左右补偿，这里怕大家分不清楚，小编就给大家想了个好记的办法：外圆从左往右车削用 G41 刀尖半径补偿，从右往左车削用 G42 刀尖半径补偿。前面通过图 2-26 和图 2-27 了解了 G41 的走刀方向，这样就完了吗？答案肯定是还没有。因为还有一个刀尖假想方向没有说，具体看图 2-28 的后置刀座和图 2-29 的前置刀座。

　　看到这里读者可能就有疑惑了：这个假想刀尖号码怎么看呢？怎么跟车刀对应呢？其实工作中常用的号码如下：

刀尖号码为 2：常规内孔刀或者内孔偏刀；

刀尖号码为 3：常规外圆刀或者外圆偏刀；

刀尖号码为 6：内孔正尖刀或者内孔槽刀；

刀尖号码为 7：端面正尖刀或者端面槽刀；

刀尖号码为 8：外圆正尖刀或者外圆槽刀。

如果现在还不明白的话，那就看看图 2-30，这里解释得非常清楚。

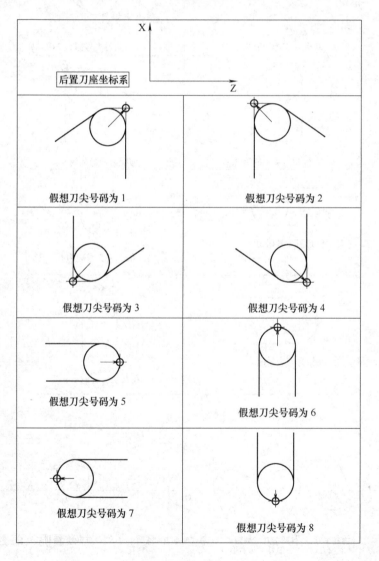

图　2-28

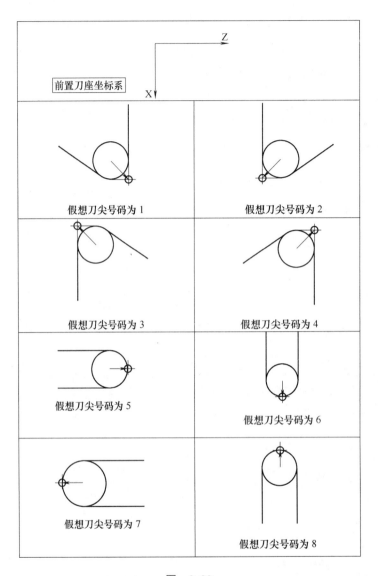

图 2-29

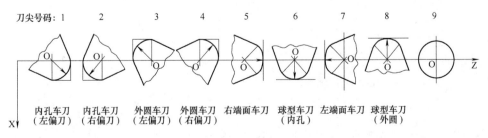

图 2-30

从图 2-26 到图 2-30，相信大家对 G41 车削方向及假想刀尖方向有了一个全新的认识。在加工中，只要将假想刀尖方向输入到刀尖半径补偿里面去，将刀尖圆弧半径输入到刀尖半径补偿下面去。编程的时候把 G41 带入到程序里面去，尺寸按图样输入就行。通过图 2-31 看看刀尖半径补偿该怎么输入吧。

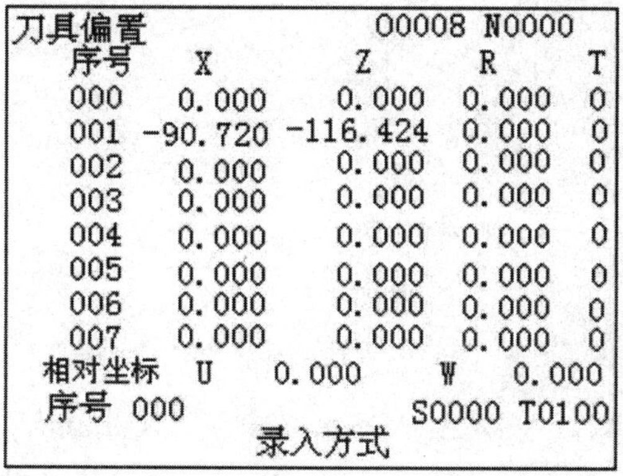

```
刀具偏置                    00008 N0000
   序号      X           Z          R        T
   000     0.000       0.000      0.000      0
   001   -90.720    -116.424      0.000      0
   002     0.000       0.000      0.000      0
   003     0.000       0.000      0.000      0
   004     0.000       0.000      0.000      0
   005     0.000       0.000      0.000      0
   006     0.000       0.000      0.000      0
   007     0.000       0.000      0.000      0
   相对坐标   U      0.000          W      0.000
   序号 000                    S0000 T0100
            录入方式
```

图　2-31

图 2-31 是一个刀尖半径补偿界面，里面的 R 代表刀尖圆弧半径，T 代表假想刀尖号码。打个比方，1 号刀是一把外圆刀，需要用刀尖圆弧半径补偿进行车削，刀尖半径是 0.8mm，就把 R0.8 输入到刀尖半径补偿 R 下面去，输入方法为：输入 R0.8 再点下输入按键就可以了。然后把假想刀尖号码输入到 T 下面去，外圆刀假想刀尖号码为 3 号，记住，不管是用 G41 还是用 G42，外圆刀假想刀尖号码都是 3 号，输入方法为：输入 T3 再点下输入按键。当然，每个系统的输入方法可能不同，有的不用带 R 字母或者 T 字母，直接输入数字就可以，有的系统则必须带，具体操作根据数控系统来决定。在这里理论知识就学习完毕了，接下来，我们通过例题进行讲解。

例 2-17　编制图 2-32 程序。

（毛坯外圆直径为 42mm，内孔直径为 18mm，刀尖圆弧半径为 0.8mm，刀尖半径补偿页面见表 2-4。）

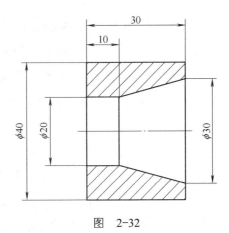

图 2-32

O0001;	（程序号）
G99;	（每转进给）
G40 T0101 M08;	（换 1 号刀车削外圆，开切削液）
M03 S1000;	（主轴正转，转速为 1000r/min）
G0 X45 Z0;	（快速移动到安全位置，比毛坯大就可以了）
G1 X16 F0.2;	（用 G1 车削端面，切削速度为 0.2mm/r）
G0 W0.5;	（快速退刀 0.5mm）
X40;	（定位到成品尺寸，等待切削）
G1 Z-33.5 F0.2;	（用 G1 车削外圆，车削长度为 33.5mm）
G0 U1;	（快速退刀）
G0 Z160;	（退回安全位置准备换刀）
G40 T0202 M08;	（换 2 号内孔刀车削内孔）
M03 S1000;	（主轴正转，转速为 1000r/min）
G0 X20 Z2;	（毛坯内孔直径为 18mm，快速定位到 X20 Z2 的位置准备车削第 1 刀）
G1 Z0 F0.2;	（用 G1 靠近工件）
X19.9 Z-19.9;	（第 1 刀车削一个斜度）
G0 Z1;	（快速退刀）
X23.5;	（快速定位到第 2 次切削起点）

G1 Z0 F0.2;　　　　　　（靠近工件）

X19.9 Z-19.9;　　　　　（第 2 刀车削一个斜度）

G0 Z1;　　　　　　　　（快速退刀）

X27;　　　　　　　　　（定位到第 3 次切削起点）

G1 Z0 F0.2;　　　　　　（靠近工件）

X19.9 Z-19.9;　　　　　（第 3 刀车削一个斜度）

G0 Z1;　　　　　　　　（快速退刀）

X29.9;　　　　　　　　（快速定位到第 4 次切削起点，留 0.1mm 精车余量）

G1 Z0 F0.2;　　　　　　（靠近工件）

X19.9 Z-19.9;　　　　　（第4刀车削一个斜度，内孔和长度留0.1mm精车余量）

Z-33.5;　　　　　　　　（内孔车削长度为 33.5mm，等下还要用槽刀切下来）

G0 U-1;　　　　　　　　（快速退刀）

G0 Z150;　　　　　　　（快速退到安全位置，准备换刀）

G40 T0303 M08;　　　　（换 3 号内孔精车刀）

M03 S1000;　　　　　　（主轴正转，转速为 1000r/min）

G0 X33 Z2;　　　　　　（定位比成品 X30 大，这样不会过切）

G1 Z0 F0.2;　　　　　　（靠近工件）

G41 X30;　　　　　　　（加上 G41 刀尖半径补偿，车削出来的斜度尺寸非
　　　　　　　　　　　　常准确）

X20 Z-20;　　　　　　　（内孔从右往左车削，假想刀尖 2 号方向）

Z-33 G40;　　　　　　　（到直线部分不需要补偿就可以用 G40 取消掉）

G0 U-2;　　　　　　　　（快速退刀）

GO Z150;　　　　　　　（快速退回安全位置，准备换刀）

G40 T0404 M08;　　　　（换 4 号切槽刀，槽刀宽 3mm，对刀按左边刀尖对
　　　　　　　　　　　　Z0 点）

M03 S700;　　　　　　　（转速为 700r/min）

G0 X45 Z2;　　　　　　（快速定位到安全位置，比工件大就可以）

Z-33.5;　　　　　　　　（给工件留 0.5mm 长的余量，刀宽 3mm，30.5mm+
　　　　　　　　　　　　3mm =33.5mm）

```
G1 X16 F0.08;          （用 G1 切断，内孔毛坯直径为 18mm，切削到 16mm，
                         比内孔小就可以）

G0 X45;                （退刀到外圆安全位置）

M05;

M09;

G0 Z150;

M30;

%
```

　　例 2-17 程序加工的是一个简单的工件，用刀尖圆弧半径补偿来车削内孔斜度。下面来一步一步地分析。先用 1 号外圆刀把外圆做好，再换 2 号内孔刀开始粗车内孔，这里用的是 G1 来编程的，因为现在才学到 G01，其他循环还没有开始接触，所以就用 G1 车削。内孔粗车加工完毕以后，进行内孔精车，用 G41 刀尖半径补偿车削，这样做出来的斜度尺寸非常准确。可能很多人不明白为何定位到 X33，这是为了防止过切。用这样的格式编程，就不会过切了，数控说明书上的格式跟这个不同，所以很多人用了会出现过切，现在把这种格式分享给大家。先定位在比内孔口头大的位置，靠近工件，在执行 G41 时，把起点 X 轴尺寸放在 G41 后面，这样不会过切。车削到内孔直线地方时，没有必要补偿就用 G40 取消。内孔做好后，用槽刀把工件切下来，看到这里，可能有细心的读者就会说：你那个 G0 X45 没有必要嘛，前面一段切到 X16 那里就可以直接往 Z 轴正方向退刀。其实这里加 G0 X45 是为了防止刀坏，假如切刀在切槽时坏了，工件没有切下来，但是刀还在 X16 位置，如果此时直接往 Z 轴正方向退刀，槽刀就会被直接拉出来，要么就是刀架卡死等。程序中在每个刀具指令前面加 G40 是为防止出错，在上一节已经讲解了。

　　表 2-4 中的刀尖半径补偿表示为 3 号刀，刀尖圆弧半径为 0.8mm，假想刀尖方向为 2 号，2 号属于内孔假想刀尖方向。另外，刀尖半径补偿可以输入在改刀刀补里，也可以输入在对刀刀补里，但是不能重复，否则会报警干涉。到这里，内孔补偿就讲解完毕了。接下来通过实例学习一下用 G41 车削外圆。

表 2-4

序 号	X	Z	R	T
001	3655.325	23.232		
002	2354.3214	153.366		
003	1243.2543	153.251	0.8	2
004	1345.2631	153.324		
005	1423.3621	45.321		

例 2-18 编制图 2-33 程序。

（毛坯直径为 42mm，刀尖圆弧半径为 0.8mm，刀尖半径补偿页面见表 2-5。）

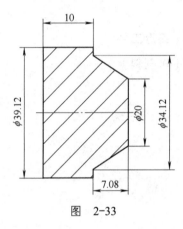

图 2-33

O0001;

G99;

G40 T0101 M08;　　　（加 G40 防止下面 G41 程序段出现意外）

M03 S1000;

G0 X45 Z0.1;　　　（安全定位）

G1 X–1.6 F0.2;　　　（由于刀尖圆弧半径为 0.8mm，这里按直径算，就是
　　　　　　　　　　　　X–1.6）

G0 W0.5;　　　　　　（快速往 Z 轴正方向退刀 0.5mm）

X37;　　　　　　　　（快速定位）

G1 Z-7 F0.2;　　　　（车削直线，留 0.08mm 精车余量）

U0.5; （退刀）

G0 Z1; （定位）

X34.2; （快速定位）

G1 Z-7 F0.2; （车削直线）

U0.5;

G0 Z1;

X31;

G1 Z0 F0.2; （靠近工件）

X34.2 Z-7; （车削斜度）

G0 Z1;

X27;

G1 Z0 F0.5; （靠近工件）

X34.2 Z-7 F0.2; （车削斜度）

G0 Z1;

X23;

G1 Z0 F0.2;

X34.2 Z-7;

G0 Z1;

X20.1;

G1 Z0 F0.2;

X34.2 Z-7;

X39.2;

Z-18.5;

G0 U2;

G0 Z150;

G40 T0202 M08; （加 G40 是怕车削到 G41 那个程序段时刀坏，在需要

重新开始车削时，会发生报警或者撞刀）

M03 S1000;

G0 X42 Z2; （安全定位）

Z-18;　　　　　　　　（定位到起点）

G1 X39.12 F0.2;　　　（靠近工件）

G41 Z-7.08;　　　　　（外圆从左往右车削，假想刀尖方向为 3 号）

X34.12;

X20 Z0;

X0;

G40;　　　　　　　　（刀尖半径补偿取消）

M05;

M09;

G0 Z150;

M30;

%

通过例 2-18，我们对用 G41 车削外圆有了一个全新的了解。现在一起分析一下。先用一把外圆粗车刀，把产品端面和外圆做好，长度留 0.1mm 精车余量，然后再换 2 号刀，加上 G41 刀尖半径补偿开始精车。记住，外圆从左往右车，用 G41，假想刀尖方向为 3 号。当然也要注意格式的变化，最好是把 G41 加在 Z 轴上，如 G41 Z-7.08。X 轴先用 G1 靠近工件，这样就不会出现过切或者干涉。刀尖半径补偿如果出现过切或者干涉，要么是格式不对，要么是程序不对，要么就是补偿不对。还有很重要的一点就是，补偿可以输入在改刀刀补里面，也可以输入在对刀刀补里面，但是不能重复，否则会报警干涉。

表　2-5

序　号	X	Z	R	T
001	3655.325	23.232		
002	2354.3214	153.366	0.8	3
003	1243.2543	153.251		
004	1345.2631	153.324		
005	1423.3621	45.321		

本节到这里对 G41 补偿的讲解就结束了，可能读者会有个疑问：当我编

51

制的程序里面没有用到 G41 刀尖半径补偿，但是在刀尖半径补偿里面输入了刀尖圆弧半径和假想刀尖方向，有没有影响呢？答案肯定是没有影响的，因为程序里面没有用 G41，刀尖半径补偿也就没有起作用，所以里面的数据可以不用取消。

2.12　G42 刀尖半径右补偿

本节学习知识点及要求

1）了解 G42 右补偿的由来

2）了解 G42 右补偿的作用

3）消化例题并熟练掌握 G42 指令

在上一节中讲了 G41，G40 也要跟 G42 配合使用。其实在实际工作中，很多人不懂假想刀尖是什么、有什么作用，当然也有很多人根本不会用，数控说明书也看不懂，可能是因为专业术语太多，大家不理解。现在我们就从一个初学者的角度去理解。

G42 为模态指令，G42 的功能为刀尖半径右补偿。为什么属于右补偿呢？因为它是刀尖圆弧中心沿编程轨迹的右侧运动，是数控系统为了消除刀尖圆弧对加工精度的影响而采用的一种计算方法，将原来控制假想刀尖的运动轨迹转换成控制刀尖圆弧中心的运动轨迹。现在通过图 2-34 来看看实际刀尖跟假想刀尖的区别。

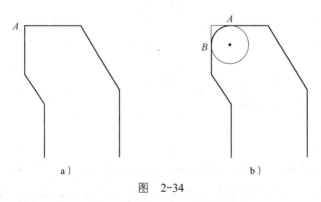

图　2-34

a）90°外圆刀假想刀尖　b）90°外圆刀实际刀尖

从图 2-34 可以清楚地看到,假想刀尖是没有圆弧的,而实际刀尖是有圆弧的。那么既然有圆弧就要补偿,这就是刀尖半径补偿的由来。下面通过图 2-35 对比一下假想刀尖跟实际刀尖加工锥面的轨迹。

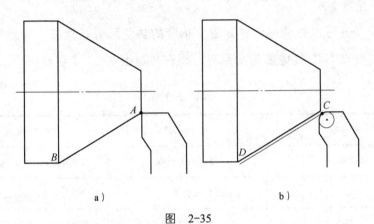

图 2-35

a)假想刀尖加工轨迹 b)实际刀尖加工轨迹

通过图 2-35 可以发现,假想刀尖加工轨迹 A 到 B 车削出来的尺寸是准确的,而带圆弧的实际刀尖从 C 车削到 D 明显达不到尺寸,因为刀尖有个圆弧,车削出来的尺寸肯定会偏大,这也可以说明,用带刀尖圆弧的刀加工锥度是需要刀尖半径补偿的,接下来继续通过图 2-36 了解加工圆弧需不需要刀尖半径补偿。

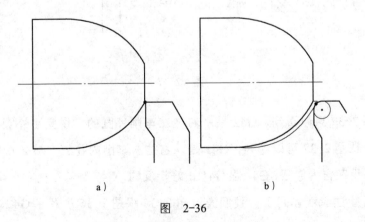

图 2-36

a)假想刀尖加工轨迹 b)实际刀尖加工轨迹

像图 2-36 这种图形，目前有两种方法，一种在本书的 2.2 节和 2.3 节讲过，可以把刀尖圆弧加在工件圆弧上面去，那么另外一种方法就是用刀尖半径补偿来实现假想刀尖编程。刀尖半径补偿的原理介绍完毕了，接下来看看刀尖半径补偿指令，见表 2-6。

从表 2-6 可以很清楚地看到每个指令的功能和运动轨迹。可能很多读者会问了，那么 G42 具体要怎么用呢？现在通过图 2-37 来看看。

表 2-6

G 指令	功 能	刀 具 轨 迹
G40	取消刀尖补偿	假想刀尖沿编程轨迹运动
G41	左补偿	假想刀尖沿编程轨迹左侧运动
G42	右补偿	假想刀尖沿编程轨迹右侧运动

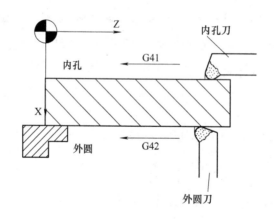

图 2-37

从图 2-37 可以看到，G42 是从右往左车削外圆的。说完了外圆可以说说内孔了，从图 2-37 可以看到，G41 是从右往左车削内孔的，那么 G42 该怎么车削呢？现在告诉你吧，G42 跟 G41 正好相反的，G42 是从左往右车削内孔的。在这里可能读者就会问了：我们通过图 2-35 跟图 2-36 了解了 G42 车削外圆的走刀方向，那么这就完了吗？答案肯定是还没有。因为还有一个刀尖假想方向没有说，具体看图 2-38 后置刀座和图 2-39 前置刀座。

看到这里读者可能就有疑惑了：这个假想刀尖号码怎么看呢？怎么跟车刀对应呢？其实工作中常用的号码如下：

刀尖号码为 2：常规内孔刀或者内孔偏刀；

刀尖号码为 3：常规外圆刀或者外圆偏刀；

刀尖号码为 6：内孔正尖刀或者内孔槽刀；

刀尖号码为 7：端面正尖刀或者端面槽刀；

刀尖号码为 8：外圆正尖刀或者外圆槽刀。

如果现在还不明白的话，那就看看图 2-40，这里解释得非常清楚。

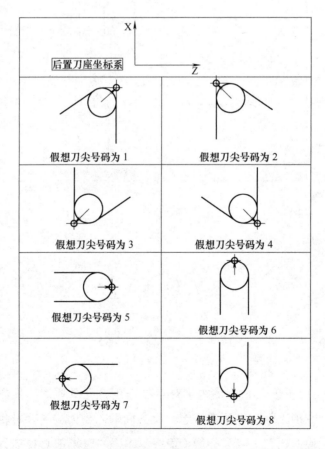

图 2-38

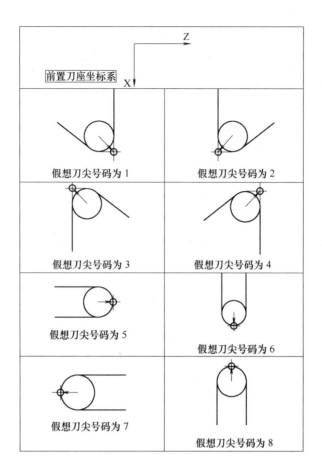

图　2-39

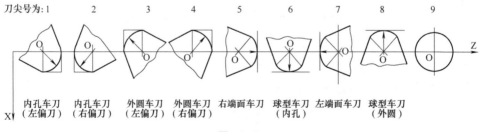

图　2-40

从图2-34到图2-40，相信大家对G42车削方向及假想刀尖方向有了一个
全新的认识。在加工中，只要将假想刀尖方向输入到刀尖半径补偿里面去，将
刀尖圆弧半径输入到刀尖半径补偿下面去。编程的时候把G42带入到程序里面
去，尺寸按图样实际尺寸输入就可以了。通过图2-41看看刀尖半径补偿该怎

输入吧。

```
刀具偏置                    00008 N0000
  序号      X          Z          R      T
  000     0.000      0.000      0.000    0
  001   -90.720   -116.424      0.000    0
  002     0.000      0.000      0.000    0
  003     0.000      0.000      0.000    0
  004     0.000      0.000      0.000    0
  005     0.000      0.000      0.000    0
  006     0.000      0.000      0.000    0
  007     0.000      0.000      0.000    0
  相对坐标  U   0.000      W   0.000
  序号 000                  S0000 T0100
            录入方式
```

图 2-41

图 2-41 是一个刀尖半径补偿界面，里面的 R 代表刀尖圆弧半径，T 代表假想刀尖号码。打个比方，1 号刀是一把外圆刀，需要用刀尖圆弧半径补偿进行车削，刀尖半径是 0.8mm，这个时候，就把 R0.8 输入刀尖半径补偿 R 下面去，输入方法为：输入 R0.8 再点下输入按键就可以了。然后把假想刀尖号码输入到 T 下面去，外圆刀假想刀尖号码为 3 号，记住，不管是用 G41 还是用 G42，外圆刀假想刀尖号码都是 3 号，输入方法为：输入 T3 再点下输入按键。当然，每个系统的输入方法可能不同，有的不用带 R 字母或者 T 字母，直接输入数字就可以了，有的系统则必须带，具体操作根据数控系统来决定。在这里理论知识就学习完毕了，接下来，通过例题进行讲解。

例 2-19 编制图 2-42 程序。

（毛坯外圆直径为 42mm，内孔直径为 18mm，刀尖圆弧半径为 0.8mm，刀尖半径补偿页面见表 2-7。）

O0001;   （程序号）

G99;   （每转进给）

G40 T0101 M08;   （换 1 号刀车削外圆，开切削液）

M03 S1000;   （主轴正转，转速为 1000r/min）

G0 X45 Z0;   （快速移动到安全位置，比毛坯大就可以了）

G1 X16 F0.2;　　　　　（用 G1 车削端面，切削速度为 0.2mm/r）

G0 W0.5;　　　　　　（快速退刀 0.5mm）

X40;　　　　　　　　（定位到成品尺寸，等待切削）

G1 Z-33.5 F0.2;　　　（用 G1 车削外圆，车削长度为 33.5mm）

G0 U1;　　　　　　　（快速退刀）

G0 Z160;　　　　　　（退回安全位置准备换刀）

G40 T0202 M08;　　　（换 2 号内孔刀车削内孔）

M03 S1000;　　　　　（主轴正转，转速为 1000r/min）

G0 X20 Z2;　　　　　（毛坯内孔直径为 18mm，快速定位到 X20 Z2 的位置准备车削第 1 刀）

G1 Z0 F0.2;　　　　　（用 G1 靠近工件）

X19.9 Z-19.9;　　　　（第 1 刀车削一个斜度）

G0 Z1;　　　　　　　（快速退刀）

X23.5;　　　　　　　（快速定位到第 2 次切削起点）

G1 Z0 F0.2　　　　　（靠近工件）;

X19.9 Z-19.9;　　　　（第 2 刀车削一个斜度）

G0 Z1;　　　　　　　（快速退刀）

X27;　　　　　　　　（定位到第 3 次切削起点）

G1 Z0 F0.2;　　　　　（靠近工件）

X19.9 Z-19.9;　　　　（第 3 刀车削一个斜度）

G0 Z1;　　　　　　　（快速退刀）

X29.9;　　　　　　　（快速定位到第 4 次切削起点，留 0.1mm 精车余量）

G1 Z0 F0.2;　　　　　（靠近工件）

X19.9 Z-19.9;　　　　（第 4 刀车削一个斜度，内孔和长度留 0.1mm 精车余量）

Z-33.5;　　　　　　　（内孔车削长度为 33.5mm，等下还要用槽刀切下来）

G0 U-1;　　　　　　　（快速退刀）

G0 Z150;　　　　　　（快速退到安全位置，准备换刀）

G40 T0303 M08;　　　（换 3 号内孔精车刀）

M03 S1000;　　　　　（主轴正转，转速 1000r/min）

G0 X19 Z2;　　　　　（定位到比内孔小的位置）

Z-33;　　　　　　　（快速移动到内孔里面，因为要从左往右车削）

G1 X20 F0.2;　　　　（靠近工件）

G42 Z-20;　　　　　（用 G42 刀尖半径补偿，从左往右车削）

X30 Z0;　　　　　　（车削斜度，从左往右车削）

U2 G40;　　　　　　（取消刀尖半径补偿，X 轴往上移动，这样不会过切）

G0 Z150;　　　　　　（快速退回到安全位置，准备换刀）

G40 T0404 M08;　　（换 4 号切槽刀，槽刀宽 3mm）

M03 S700;　　　　　（转速为 700r/min）

G0 X45 Z2;　　　　　（快速定位到安全位置，比工件大就可以）

Z-33.5;　　　　　　（给工件留 0.5mm 长的余量，刀宽 3mm，30.5mm+3mm=
　　　　　　　　　　33.5mm）

G1 X16 F0.08;　　　（用 G1 切断，内孔毛坯直径为 18mm，切削到 16mm，
　　　　　　　　　　比内孔小就可以）

G0 X45;　　　　　　（退刀到外圆安全位置）

M05;

M09;

G0 Z150;

M30;

%

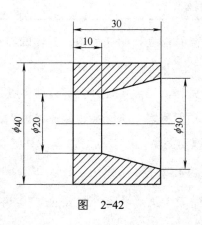

图　2-42

例 2-19 程序制作的是一个简单的工件，用刀尖圆弧半径补偿来车削内孔斜度。下面来一步一步地分析。先用 1 号外圆刀把外圆做好，再换 2 号内孔刀开始粗车内孔，这里用的是 G1 来编程的，因为现在才学到 G01，其他循环还没有开始接触，所以就用 G1 车削。内孔粗车加工完毕以后，进行内孔精车，用 G42 刀尖半径补偿车削，这样做出来的斜度尺寸非常准确。可能很多人不明白为何用 U2 G40，这是为了防止过切。用这样的格式编程，就不会过切了，数控说明书上的格式跟这个不同，所以很多人用了会出现过切，现在把这种格式分享给大家。内孔做好后，用槽刀把工件切下来，看到这里，可能有细心的读者就会说：你那个 G0 X45 没有必要嘛，前面一段切到 X16 那里就可以直接往 Z 轴正方向退刀。其实这里加 G0 X45 是为了防止刀坏，假如切刀在切槽时坏了，工件没有切下来，但是刀还在 X16 位置，如果此时直接往 Z 轴正方向退刀，槽刀就会被直接拉出来，要么就是刀架卡死。程序中在每个刀具指令前面加 G40 是为防止出错，在上一节已经讲解了。

表 2-7

序号	X	Z	R	T
001	3655.325	23.232		
002	2354.3214	153.366		
003	1243.2543	153.251	0.8	2
004	1345.2631	153.324		
005	1423.3621	45.321		

表 2-7 中的刀尖半径补偿表示为 3 号刀，刀尖圆弧半径为 0.8mm，假想刀尖方向为 2 号，2 号是属于内孔假想刀尖方向。无论是 G41 还是 G42，内孔假想刀尖方向都是 2 号。另外，刀尖半径补偿可以输入在改刀刀补里，也可以输入在对刀刀补里，但是不能重复，否则会报警干涉。到这里，内孔补偿就讲解完毕了。接下来通过编程实例学习一下用 G42 车削外圆。

例 2-20 编制图 2-43 程序。

（毛坯直径为 42mm，刀尖圆弧半径为 0.8mm，刀尖半径补偿页面见表 2-8。）

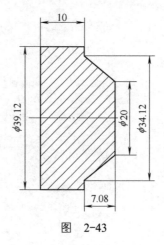

图 2-43

O0001;

G99;

G40 T0101 M08;　（加 G40 防止下面 G41 程序段出现意外）

M03 S1000;

G0 X45 Z0 .1;

G1 X–1.6 F0.2;　（由于刀尖圆弧半径为 0.8mm，这里按直径算，就是 X–1.6）

G0 W0.5;

X37;

G1 Z-7 F0.2;

U0.5;

G0 Z1;

X34.2;

G1 Z-7 F0.2;

U0.5;

G0 Z1;

X31;

G1 Z0 F0.2;

X34.2 Z-7;

G0 Z1;

X27;

G1 Z0 F0.5;

X34.2 Z-7 F0.2;

G0 Z1;

X23;

G1 Z0 F0.2;

X34.2 Z-7;

G0 Z1;

X20.1;

G1 Z0 F0.2;

X34.2 Z-7;

X39.2;

Z-18.5;

G0 U2;

G0 Z150;

G40 T0202 M08;　　（加 G40 是怕车削到 G42 程序段时刀坏，在需要重新开
　　　　　　　　　　始车削时，会发生报警或者撞刀）

M03 S1000;

G0 X0 Z2;

G1 G42 Z0 F0.2;　　（开始执行 G42 刀尖半径补偿）

X20;

X34.12 Z-7.08;

X39.14;

Z-18.5 G40;　　（在直线部分就可以用 G40 取消掉）

G0 U2;

M05;

M09;

G0 Z150;

M30;

%

通过例 2-20，我们对用 G42 车削外圆有了一个全新的了解。现在一起分析一下。先用一把外圆粗车刀，把产品端面和外圆做好，长度留 0.1mm 精车余量，

然后再换 2 号刀，加上 G42 刀尖半径补偿开始精车。记住，外圆从右往左车，用
G42，假想刀尖方向为 3 号。无论是 G41 还是 G42，假想刀尖方向都是 3 号，当
然也要注意格式的变化，最好是把 G42 加在 Z 轴上，如 G42 Z0。当然也可以加
在 X 轴上面，这样也不会出现过切或者干涉。刀尖半径补偿如果出现过切或者干
涉，要么是格式不对，要么是程序不对，要么就是补偿不对。如果出现格式不对，
把 G42 的位置上下换一下就可以了。还有很重要的一点就是，补偿可以输入在改
刀刀补里面，也可以输入在对刀刀补里面，但是不能重复，否则会报警干涉。

表　2-8

序号	X	Z	R	T
001	3655.325	23.232		
002	2354.3214	153.366	0.8	3
003	1243.2543	153.251		
004	1345.2631	153.324		
005	1423.3621	45.321		

　　本节到这里对 G42 补偿的讲解就结束了，可能读者会有个疑问：当我编制
的程序里面没有用到 G42 刀尖半径补偿，但是在刀尖半径补偿里面输入了刀尖
圆弧半径和假想刀尖方向，有没有影响呢？答案肯定是没有影响的，因为程序
里面没有用 G42，刀尖半径补偿也就没有起作用，所以里面的数据可以不用取消。
希望读者好好学习例题，消化它，并且要能在工作中灵活运用。

2.13　G50 坐标系偏移

本节学习知识点及要求

　　1）掌握 G50 对刀

　　2）了解 G50 坐标系偏移

　　3）通过例题熟练掌握并运用 G50 指令

　　G50 属于工件坐标系设定，指令格式为：G50 X_ Z_;

　　指令说明：

　　Z：当前刀尖点在工件坐标系中 Z 轴的绝对坐标；

　　X：当前刀尖点在工件坐标系中 X 轴的绝对坐标。

在工作中用 G50 设置工件坐标系，大大缩短了换产品的对刀时间，本节学习两种偏移方式，一种是绝对坐标系偏移，另一种是相对坐标系偏移。首先讲绝对坐标系偏移和对刀。

1．G50 绝对坐标系偏移和对刀

1）在刀架上，选择一把基准刀，一般情况下选择 1 号刀作为基准刀。

2）把基准刀刀补清零，把 1 号刀补里面的数值全部改为 0.000，见表 2-9。

表 2-9

序号	X	Z	R	T
000	0.000	0.000	0.000	0
001	0.000	0.000	0.000	0
002	2.965	1.248	0.000	0
003	3.584	3.524	0.000	0
004	6.521	1.354	0.000	0

3）在 MDI（录入）模式里面（见图 2-44）输入 T0101，然后循环启动，把 1 号刀换过来，用 1 号刀把工件端面车削出来（见图 2-45），Z 轴不要动。

4）在 MDI（录入）模式里面，输入 G50 Z0，然后循环启动执行。

5）用 1 号刀把外圆车削出来（见图 2-46），X 轴不要动，Z 轴移动到远离工件的位置。

6）用游标卡尺或者带表卡尺量外圆直径，假如量出来外圆直径为 50mm，就在 MDI（录入）模式里面（见图 2-44）输入 G50 X50，然后循环启动执行。

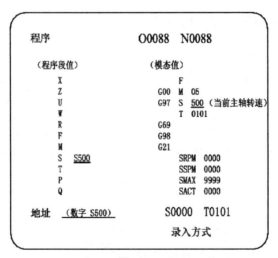

图　2-44

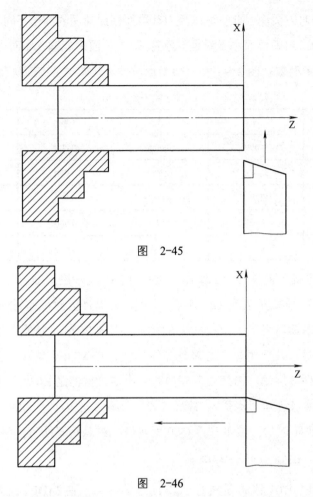

图 2-45

图 2-46

7）基准刀对好后，开始对 2 号刀。在 MDI（录入）模式里面（见图 2-44）输入 T0202，然后循环启动，用 2 号刀碰到工件端面，在 2 号刀补（见表 2-10）里面输入 Z0。

8）用 2 号刀碰到工件外圆，然后在 2 号刀补（见表 2-10）里面输入 X50。

9）后面所有刀的 Z 轴都要以当前工件的端面为 Z0 点对刀，对 X 轴用车刀去车削工件外径，车削出来的尺寸是多少就在刀补里面输入多少，切记不管是对哪个轴，在尺寸还没有输入以前，对刀轴都不能动。

表 2-9 里面基准刀的刀补已经全部清零，在对基准刀的时候，只要在 MDI（录入）模式下输入就可以了，这个页面属于刀偏磨损页面，用来改刀补用的，里面只能输入相对坐标值 W 或者 U，同时输入 R 跟 T 有效，但是绝对坐标值输入不了。

表 2-10 为对刀页面，此页面跟改刀补页面相比前面的序号不同。改刀补页面前面都是 0 开头，对刀页面序号都是 1 开头，对刀页面只能输入绝对坐标值 X 和 Z，同时输入 R 跟 T 有效。图 2-44 为 MDI（录入）模式，对基准刀就在里面输入。

表　2-10

序号	X	Z	R	T
100	0.000	0.000	0.000	0
101	35.965	12.852	0.000	0
102	12.962	8.896	0.000	0
103	4.965	4.853	0.000	0
104	5.963	5.463	0.000	0

G50 绝对坐标系偏移和对刀总结：G50 对刀时找一把基准刀，把刀补清零，在 MDI（录入）模式里面用 G50 对刀，后面所有刀全部以基准刀为基准进行对刀。可能很多读者会问：这样对刀的好处在哪里？它的好处在于，当遇到长度不同的工件时，只要用基准刀碰到工件端面，在 MDI（录入）模式里面输入 G50 Z0，然后循环启动，刀架上所有的刀在当前位置都是 Z0 点。怎么样？方便吧？可能也有读者会问：除基准刀以外，2 号刀及其他刀，手动换刀过来对可以吗？答案当然是可以的。接下来用 G50 绝对坐标系偏移开始实例编程。

例 2-21　编制图 2-47 程序。

（将基准刀 T0101 移动到如图 2-47 所示的 B 点。在 MDI（录入）模式里面输入 G50 Z0.5，然后循环启动，当前 B 点就是刀架上所有刀的 Z0.5，这就是用 G50 定坐标系。）

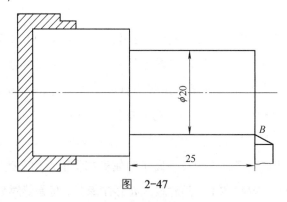

图　2-47

（毛坯直径为 23mm，外圆刀刀尖圆弧半径为 0.8mm。）

O0001;

T0101 M08;

M03 S1000;

G0 X25 Z0.1;　　　　　　　　（留 0.1mm 精车余量）

G1 X-1.6 F0.2;　　　　　　　　（刀尖圆弧半径为 0.8mm 的这个双边就是 X-1.6）

G0 W0.5;

X20.1;　　　　　　　　　　　（留 0.1mm 精车余量）

G1 Z-24.9 F0.2;　　　　　　　（留 0.1mm 精车余量）

U4;

G0 Z150;

T0202 M08;　　　　　　　　　（换 2 号精车刀）

M03 S1000;

G0 X-1.6 Z2;

G1 Z0 F0.2;

X20;

G1 Z-25 F0.2;

X25;

M05;

M09;

G0 Z150;

M30;

%

例 2-21 告诉我们：首先用基准刀在 MDI（录入）模式里面设定坐标系，程序里就不用加 G50 进去了，后面的程序根据产品编制就行了。通过例 2-21，相信你对 G50 绝对坐标系偏移和对刀有了一个全新的认识。接下来学习 G50 相对坐标系偏移和对刀，这应该是工作中最常用的坐标系偏移方式之一。

2．G50 相对坐标系偏移和对刀

1）在刀架上，选择一把基准刀，一般情况下选择 1 号刀作为基准刀。

2）在MDI（录入）模式里面（见图2-44）输入T0101，然后循环启动，把1号刀换过来，用1号刀把工件端面车削出来（见图2-45），Z轴不要动，在1号刀补里面（见表2-10）输入Z0。

3）用1号刀把外圆车削出来（见图2-46），X轴不要动，Z轴移动到远离工件的位置。

4）用游标卡尺或者带表卡尺量外圆直径，假如量出来外圆直径为50mm，就在1号刀补里面（表2-10）输入X50。

5）基准刀对好后，开始对2号刀。在MDI（录入）模式里面（见图2-44）输入T0202，然后循环启动，用2号刀碰到工件端面，在2号刀补（表2-10）里面输入Z0。

6）用2号刀碰到工件外圆，然后在2号刀补（见表2-10）里面输入X50。

7）后面所有刀的Z轴都要以当前工件的端面为Z0点对刀，对X轴用车刀去车削工件，车削出来的尺寸是多少就在刀补里面输入多少，切记不管是对哪个轴，在尺寸没有输入以前，对刀轴都不能动。

G50相对坐标系偏移和对刀总结：任意选择一把刀作为基准刀对刀，然而后面所有刀的Z轴都以基准刀为准，其对刀数值都是输入在刀补里面的，说白了就是我们平时正常对刀。下面学习G50相对坐标偏移开始实例编程。

例2-22 编制图2-47程序。

（将基准刀T0101，移动到如图2-47所示的 *B* 点，这个时候看一下Z轴，绝对坐标的位置显示为多少？假如现在绝对坐标位置显示为Z65.325，那么就在MDI（录入）模式里面输入G50 W-65，然后循环启动，位置就会显示为Z0.325，端面余量为0.325mm。）

（毛坯直径为23mm，外圆刀刀尖圆弧半径为0.8mm。）

O0001;

T0101 M08;

M03 S1000;

G0 X25 Z0.1;   （留0.1mm精车余量）

G1 X-1.6 F0.2;   （刀尖圆弧半径为0.8mm的双边就是X-1.6）

G0 W0.5;

X20.1;　　　　　　　　　　　　（留 0.1mm 精车余量）

G1 Z-24.9 F0.2;　　　　　　　　（留 0.1mm 精车余量）

U4;

G0 Z150;

T0202 M08;　　　　　　　　　　（换 2 号精车刀）

M03 S1000;

G0 X-1.6 Z2;

G1 Z0 F0.2;

X20;

G1 Z-25 F0.2;

X25;

M05;

M09;

G0 Z150;

M30;

%

例 2-22 就是用 G50 在 MDI（录入）模式里面进行相对坐标值偏移对刀，G50 不用带入程序段里面。程序跟例 2-21 一模一样。

　　G50 坐标系偏移还有一个用法，同样在 MDI（录入）模式里面输入，它却是反方向的。打个比方：假如工件端面没有车削到，我们想 Z 轴偏移 –0.2mm。这个时候如果要改刀补，则需要同时改 4 把刀。而如果用坐标系偏移的话就方便多了，只要在 MDI（录入）模式里面输入 G50 W0.2，然后循环启动就可以了，整个坐标系都偏移 –0.2mm。现在可能你会问：为什么是 G50 W0.2 呢？我们不是要 –0.2mm 吗？刚刚已经说了，它是反方向的，正就负，负就正，如果输入 G50 W-0.2，那么整个坐标系就往 Z 轴正方向移动 0.2mm。一定要记住：它是反方向的，正就是负，负就是正。

　　总结：上述例题和对刀方式都是在 MDI（录入）模式里面进行偏移的，除基准刀对刀方式不同以外，其他刀都是一样的，G50 都不用带入到程序中去。

上述两种 G50 偏移方式各有各的优点，希望读者好好消化例题，能够在工作中灵活运用。

2.14　G71 外圆（内孔）粗车循环

本节学习知识点及要求

1）熟悉 G71 的格式

2）学习 G71 带刀尖半径补偿的应用

3）消化例题，熟练掌握并灵活运用 G71 指令

G71 属于复合型固定循环指令，它的目的是简化编程。指令格式为：

G71 U（Δd）R（e）_F_；

G71 P（NS）_Q（NF）_U（Δu）_W（Δw）_；

N（NS）_…;

⋮　　　　　　　　（粗车循环体，也是精车路线。NS 开始，NF 结束）

N（NF）_…;

以上为 G71 粗车循环格式，N（NS）～ N（NF）为循环体，一直在循环体里面车削循环，直到车削到粗车尺寸为止，才能跳出循环，粗加工运动轨迹如图 2-48 所示。

指令说明：

U（Δd）：每次的车削深度，为半径值，表示每次车削单边的尺寸；

R（e）：退刀量，为半径值，表示每次车削完毕后的退刀距离；

F：循环的切削速度；

NS：程序段第一个顺序号，表示循环从这里开始执行；

NF：程序段最后一个顺序号，表示循环到这里结束；

U（Δu）：给 X 轴留的精车余量，为直径值；

W（Δw）：给 Z 轴留的精车余量。

G70 精车指令格式为：G70 P（NS）_Q（NF）_；

G70 精车可直接编在粗车格式 NF 的下一段进行精车（见例 2-24），或者
另外调用一把精车刀，编在精车刀程序的下一段（见例 2-23）。

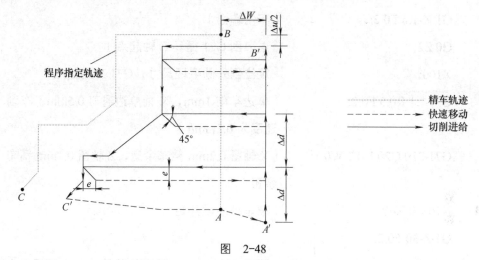

图 2-48

注：A 为起点（终点）；A'—B'—C' 为粗车轮廓。

现在看图样进行编程操作。

例 2-23　编制图 2-49 程序。

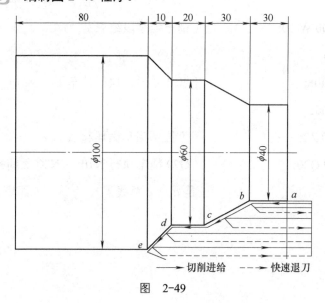

图 2-49

O0001;

G99;

T0101 M08;

M03 S500;

G0 X102 Z0;　　　　　　　　　　（定位在比外圆大的位置，端面在 Z0 点）

G1 X-1.6 F0.2;　　　　　　　　　（车削端面）

G0 Z2;　　　　　　　　　　　　　（退刀到 G71 循环 Z 轴起点）

X100;　　　　　　　　　　　　　（定位到外圆毛坯尺寸，G71 X 轴起点）

G71 U1 R0.5 F0.2;　　　　　　　（单边车削 1mm，X 轴单边退刀 0.5mm，车削速度为 0.2mm/r）

G71 P10 Q20 U0.2 W0.1;　　　　（X 轴留 0.2mm 精车余量，Z 轴留 0.1mm 精车余量）

N10 G0 X40;　　　　　　　　　　（精车顺序段开始）

G1 Z-30 F0.2;

X60 W-30;　　　　　　　　　　　（图 2-48 中 *a* ～ *e* 精车执行路线，也是粗车走的轮廓）

W-20;

N20 X100 W-10;　　　　　　　　（精车程序段结束）

G0 Z100;

T0202 M08;　　　　　　　　　　（换 2 号刀，执行精车）

M03 S600;

G0 X100 Z2;　　　　　　　　　　（定位到粗车循环起点）

G70 P10 Q20;　　　　　　　　　（G70 精车执行 N10 ～ N20 之间的程序段，就是 *a* ～ *e* 路线）

M05;

M09;

G0 Z100;

M30;

%

下面来学习 G71 带刀尖半径补偿编程。前面已经说过了 G40、G41、G42，现在把它们加入到精车循环里面去执行刀尖半径补偿。

例 2-24 编制图 2-49 程序。

（刀尖圆弧半径为 0.8mm，外圆假想刀尖方向为 3 号。）

```
O0001;
G99;
G40 T0101 M08;                （G40 防止出现补偿未取消）
M03 S500;
G0 X102 Z0;
G1 X-1.6 F0.2;
G0 Z2;
X100;                         跟例 2-23 程序基本一样
G71 U1 R0.5 F0.2;
G71 P30 Q40 U0.2 W0.1;
N30 G0 X40;
G1 Z-30 F0.2;
X60 W-30;
W-20;
N40 X100 W-10;
G42 G70 P30 Q40;              （G42 与 G70 共段执行刀尖半径补偿，走 N30
                              到 N40 程序段）
G40;                         （刀尖半径补偿取消）
M05;
M09;
G0 Z100;
M30;
%
```

例 2-24 中的知识点是在 G71 精车循环里面加入 G42 刀尖半径补偿，同时 G42 必须跟 G70 共段。看到这里可能读者会问：如果不用 G70 精车循环，那么

G42 该编在哪里？刀尖半径该如何补偿？假如不用 G70 精车循环，可以用 G42 单独编制一个精车程序（见例 2-25），1 号刀补页面补偿输入见表 2-11。

表 2-11

序号	X	Z	R	T
100	0.000	0.000	0.000	0
101	4.946	5.469	0.8	3
102	54.843	5.849	0.8	3
103	4.635	3.496	0.000	0
104	5.642	6.496	0.8	2

例 2-25 用 G42 单独编制一个精车程序。

```
G0 X40 Z2;
G1 Z0 F0.2;
G42 Z-30;
X60 W-30;          G42 刀尖半径补偿走刀路线如图 2-49 所示
W-20;
X100 W-10;
U2 G40;
```

看到这里细心的读者会发现，怎么没有 G41 呢？下面就用 G41 单独编制一个精车程序，请记住格式。

例 2-26 用 G41 单独编制一个精车程序。

```
G0 X102 Z2;
Z-90;
G1 X100 F0.2;
G41 X60 W10;       G41 刀尖半径补偿走刀路线如图 2-49 所示
W20;
X40 W30;
Z1 G40;            （在直线部分取消刀尖半径补偿）
```

我们通过以上例题把 G71 都讲解完了，其实 G71 分一型和二型，一型 Z、X 轴只能逐渐递增或逐渐递减编程，G71 里面第 1 个 N 开始程序段只能指定 X 轴。二型既能够逐渐递增也能逐渐递减，同时在 G71 里面第 1 个 N 开始程序段中必须编入 Z 轴和 X 轴，方可实现二型两轴同时移动。特定产品 Z 轴还不能留精车余量。

例 2-27　编制图 2-50 程序。

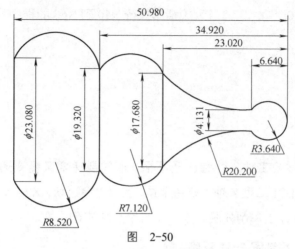

图　2-50

（毛坯直径为 35mm 的圆钢，用 35° 外圆偏刀切削。）

O0001;

G99;

T0101 M08;

M03 S1200;

G0 X35 Z2;　　　　　　　　　　（定位到 G71 循环起点，位置大于或等于
　　　　　　　　　　　　　　　　毛坯尺寸）

G71 U1 R0.5 F0.2;　　　　　　　（每次单边车削 1mm，X 轴退刀单边
　　　　　　　　　　　　　　　　0.5mm，车削速度为 0.2mm/r）

G71 P50 Q60 U0.2 W0;　　　　　（G71 二型 Z 轴不能留精车余量，外圆
　　　　　　　　　　　　　　　　留 0.2mm 精车余量）

N50 G0 X-1.6 W0;　　　　　　　[二型必须两轴联动，哪怕 Z 轴不需要
　　　　　　　　　　　　　　　　移动也要编上 W0（Z0）]

G1 Z0 F0.2;

G03 X4.131 Z-6.64 R3.64;

G02 X17.68 Z-23 .02 R20.2;　　　（粗车循环轮廓，也是精车要走的路线）

G03 X19.32 W-11.9 R7.12;

G03 X23.08 W-16.06 R8.52;

G1 W-3;

N60 ;

G70 P50 Q60;　　　　　　　　　（精车执行 N50 到 N60 的程序段）

M05;

M09;

G0 Z100;

M30;

%

例 2-27 这样的工件，外圆凹凸不平，既需要递增又需要递减，非常适合 G71 二型，记住 G71 二型 Z 轴不能留余量，留余量会过切，X 轴余量可以留大点。前边学习的是用 G71 车削外圆，下面学习用 G71 车削内孔。

例 2-28　编制图 2-51 程序。

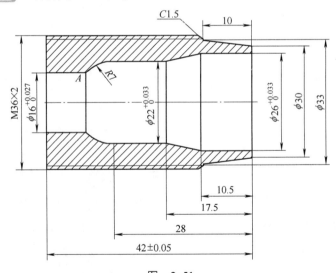

图　2-51

（内孔毛坯直径为 15mm，用直径为 14mm 的内孔刀杆，装 CCMT09 刀片。）

G40 T0303 M08;　　　　　　　　（G40 防止半径补偿未取消）

M03 S1000;

G0 X15 Z2;　　　　　　　　　　（粗车起点，定位比毛坯内孔小或者一样大）

G71 U0.7 R0.2 F0.2;　　　　　　（每次单边进给 0.7mm，X 轴退刀 0.2mm，切
　　　　　　　　　　　　　　　　削速度为 0.2mm/r）

G71 P70 Q80 U-0.2 W0.1;　　　（X 轴留 0.2mm 精车余量，Z 轴留 0.1mm 精车余量）

N70 G0 X26;

G1 Z-10.5 F0.2;

X22 Z-17.5;

Z-28;　　　　　　　　　　　（粗车循环轮廓，也是精车的走刀路线）

G02 X16 W-5.74 R7;

G1 Z-43;

N80 X15;

G0 Z100;

G40 T0404 M08;　　　　　　　（换 4 号刀精车内孔）

M03 S1000;

G0 X15 Z2;　　　　　　　　　（定位到粗车循环起点）

G41 G70 P70 Q80;　　　　　　（G41 与 G70 共段执行刀尖半径补偿，走 N70 到 N80 程序段）

G40;　　　　　　　　　　　　（刀尖半径补偿取消）

M05;

M09;

G0 Z100;

M30;

%

例 2-28 讲的是用 G71 车削内孔，程序的格式跟车削外圆一样，只是需要注意定位，留余量的方向为负，G41 是从右往左车削内孔，反之 G42 就是从左往右车削，假想刀尖方向统一为 2 号，4 号刀补页面补偿输入见表 2-11。

注意事项：

1）如果同一个程序中出现两个以上 G71、G72、G73 的话，那么 N 顺序号不能重复，只能从小到大排序，比如 N1、N2、N3、N4、N5、N6、N7、N8……。

2）内孔定位要等于或小于内孔尺寸，留精车余量的方向为负，如 U-0.1。

3）P 值对应顺序号 N 开始，Q 值对应顺序号 N 结束。

2.15　G72 端面粗车循环

1）掌握 G72 的格式

2）消化例题并能灵活运用 G72 指令

G72 属于复合型固定循环指令，是系统为了简化编程而开发的，指令格式为：

G72 W（Δd）_ R（e）_ F_；

G72 P（NS）_Q（NF）_U（Δu）_W（Δw）_；

N（NS）_…；

（粗车循环体，也是 G70 精车路线）

N（NF）_…；

以上为 G72 粗车循环格式，N（NS）～N（NF）为循环体，一直在循环体里面车削循环，直到车削到粗车尺寸为止，才能跳出循环，加工运动轨迹如图 2-52 所示。

指令说明：

W（Δd）：端面每次车削的尺寸；

R（e）：退刀量，表示每次车削完毕后的退刀距离；

F：循环的切削速度；

NS：程序段第一个顺序号，表示循环从这里开始执行；

NF：程序段最后一个顺序号，表示循环到这里结束；

U（Δu）：给 X 轴留的精车余量，这里为直径值；

W（Δw）：给 Z 轴留的精车余量。

G70 精车指令格式为：G70 P（NS）_Q（NF）_；

G70 精车可直接编在粗车格式 NF 的下一段进行精车，或者另外调用一把精车刀，编在精车刀程序的下一段。

接下来用复合型 G72 粗车循环编写程序。

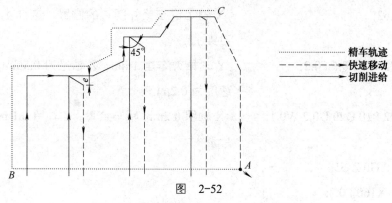

图 2-52

注：A 为起点（终点）；A—B—C 为粗车轮廓。

例 2-29 编制图 2-53 程序。

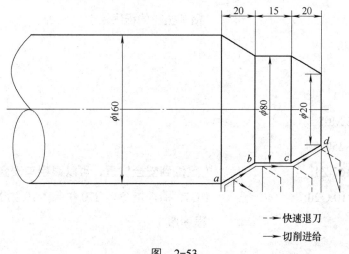

➤ 快速退刀

→ 切削进给

图　2-53

O0016;

G99;

T0101 M08;

M03 S200;

G0 X162 Z0;　　　　　　　　（X 轴定位在比工件外圆大的位置，Z 轴定位

　　　　　　　　　　　　　　在 Z0，平端面）

G1 X-1.6 F0.15;　　　　　　（刀尖圆弧半径为 0.8mm，双边车削到 X-1.6

　　　　　　　　　　　　　　才能到中心点）

G0 Z1;　　　　　　　　　　　（Z 轴退刀）

79

X162;　　　　　　　　　　（X 轴定位在比外圆大的位置，这样才不会碰
　　　　　　　　　　　　　刀尖）

G72 W1 R0.5 F0.2;　　　（Z 轴每刀车削 1mm，Z 轴退刀 0.5mm，车削
　　　　　　　　　　　　　速度为 0.2mm/r）

G72 P10 Q20 U0.2 W0.1;　（X 轴留 0.2mm 精车余量，Z 轴留 0.1mm 精车
　　　　　　　　　　　　　余量）

N10 G0 Z-55;

G1 X160 F0.2;

X80 Z-35;

Z-20;　　　　　　　　　（粗车循环轮廓，图 2-53 中的 $a \sim d$ 为 G70
　　　　　　　　　　　　　精车执行的程序段）

X20 Z0;

N20;

G0 Z150;

T0202 M08;

M03 S250;

G0 X162 Z1;　　　　　　（定位到安全位置，可以跟粗车安全位置一样）

G70 P10 Q20;　　　　　　（G70 精车指令，G70 执行 N10 到 N20 中间的
　　　　　　　　　　　　　程序段）

M05;

M09;

G0 Z150;

M30;

%

　　例 2-29 是由两把刀完成的工件。当然，如果要制作小件产品，也可以用一把刀直接做好，直接在 N20 下一段加入 G70 P10 Q20 就可以。注意有 1 个细节能看出 G71 跟 G72 的区别，程序段第 1 个地址 N，G71 只能指定 X 轴，G72 只能指点 Z 轴，G71 二型是可以同时指定两个轴的，G72 二型也可以同时指定两个轴，（由于系统问题，个别系统不支持 G71 二型和 G72 二型）。可能在工作中，

很多学徒会用复合型指令车削外圆，但不会车削内孔。下面编写一个用 G72 车削内孔的程序。

例 2-30 编制图 2-54 程序。

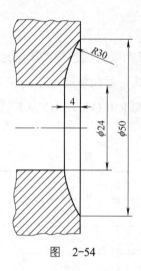

图 2-54

T0303 M08;	（刀尖圆弧半径为 0.8mm 的内孔刀）
M03 S1000;	
G0 X22 Z1;	（X 轴定位在比内孔小的位置，Z 轴定位到安全位置）
G72 W1 R0.5 F0.2;	（Z 轴每次车削 1mm，退刀 0.5mm, 切削速度为 0.2mm/r）
G72 P30 Q40 U-0.2 W0.1;	（X 轴留 0.2mm 精车余量，Z 轴留 0.1mm 精车余量）
N30 G0 Z-4; G1 X24 F0.2; G02 X50 Z0 R30; G1 W1	（粗车循环轮廓，G70 精车执行路线）
N40 ;	
G70 P30 Q40;	（G70 精车指令，G70 执行 N30 到 N40 中间的程序段）

M05;

M09;

G0 Z150;

M30;

%

例 2-30 是由一把内孔刀完成的。当然，车削这种内孔有很多车法，G72 只是其中之一。下面主要说格式，假如想加入刀尖半径补偿，可以直接在 G70 P30 Q40 前面加 G42，如 G42 G70 P30 Q40，G42 从左往右车削内孔，假想刀尖方向为 2 号。刀补输入见表 2-12。

表　2-12

序号	X	Z	R	T
100	2.563	8.096	0.00	0
101	45.853	4.625	0.00	0
102	4.963	425.964	0.00	0
103	8.763	264.534	0.8	2
104	9.645	269.534	0.00	0

表 2-12 是模仿刀补页面画的，里面的 R 代表刀尖圆弧半径，T 代表假想刀尖号码。

2.16　G73 封闭式（仿形）循环

本节学习知识点及要求

1）了解 G73 的格式

2）熟练掌握并灵活运用 G73 指令

G73 属于复合型固定循环，是系统为了简化编程而研发的，指令格式为：

G73 U（Δi）_ W（Δk）_ R（d）_ F_;

G73 P（NS）_ Q（NF）_ U（Δu）_ W（Δw）_;

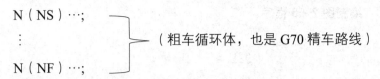
N（NS）…;
⋮
N（NF）…;

（粗车循环体，也是 G70 精车路线）

以上为 G73 封闭式（仿形）循环格式，N（NS）～N（NF）为循环体，一直在循环体里面车削循环，直到车削到粗车尺寸为止，才能跳出循环，加工运动轨迹如图 2-55 所示。

指令说明：

U（Δi）：X 轴毛坯与成品外圆（内孔）的余量，为半径值；

W（Δk）：Z 轴毛坯与成品端面的余量；

R（d）：切削次数，就是在毛坯跟成品余量里面车削多少刀；

F：循环的切削速度；

NS：程序段第一个顺序号，表示循环从这里开始执行；

NF：程序段最后一个顺序号，表示循环到这里结束；

U（Δu）：给 X 轴留的精车余量，这里为直径值；

W（Δw）：给 Z 轴留的精车余量。

G70 精车指令格式为：G70 P（NS）_Q（NF）_;

G70 精车可直接编在粗车格式 NF 的下一段进行精车，或者另外调用一把精车刀来执行精车。

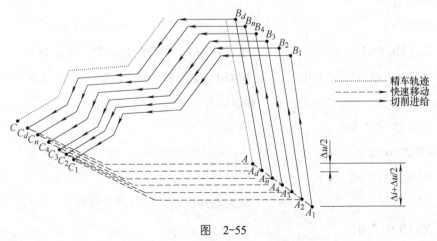

图 2-55

注：A 为起点（终点）；A_n—B_n—C_n 为粗车轮廓（n=1，2，3…）。

例 2-31　编制图 2-56 程序。

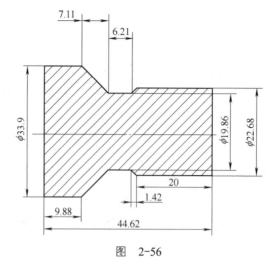

图　2-56

（毛坯外圆直径为 35mm，总长度为 46mm。）

O0003;

T0101 M08;

M03 S1000;

G0 X37 Z0;　　　　　　　　（X 轴定位在比工件大的位置，Z 轴定位在 Z0
　　　　　　　　　　　　　　点，平端面）

G1 X-1.6 F0.2;　　　　　　（刀尖圆弧半径为 0.8mm，直径为 1.6mm）

G0 Z1;

X35;

G73 U6 R6 F0.15;　　　　　（单边从 6mm 余量开始车削，共 6 刀）

G73 P10 Q20 U0.2 W0;　　　（留 0.2mm 精车余量，Z 轴不用留余量，不然
　　　　　　　　　　　　　　会过切）

N10 G0 X22.68;

G1 Z-20 F0.2;

X19.86 W-1.42;

W-6.21;　　　　　　　　　　（粗车循环轮廓，G70 精车路线）

X33.9 W-7.11;

N20;

```
G70 P10 Q20;                    （G70 精车指令，G70 执行 N10 到 N20 中间的
                                 程序段）
M05;
M09;
G0 Z150;
M30;
%
```

G73 封闭式（仿形）循环适用于车削毛坯外圆跟成品外圆形状一样的工件。G73 中 NS 到 NF 间的程序段不能调用子程序。用 G71、G72、G73 时要注意：外圆循环起点要大于或等于工件外径，内孔循环起点要小于或等于起点内径，Z 轴要给刀尖留安全距离。

2.17　G74 端面槽粗车循环

本节学习知识点及要求

1）了解 G74 的格式变化

2）熟练掌握并灵活运用 G74 指令

G74 端面槽粗车循环属于复合型指令，是系统为了简化编程研发的，指令格式为：

G74 R（e）_;

G74 X（U）_ Z（W）_ P（Δi）_ Q（Δk）_ R（Δd）_ F_;

执行该指令时，只要给出起点、退刀量、终点、刀宽、切削深度和速度，系统就会自动决定刀具的运行轨迹。

指令说明：

R（e）：每次切削退刀量；

X（U）：X 轴的终点尺寸；

Z（W）：Z 轴的终点尺寸；

P（Δi）：X 轴每刀切削循环的移动量，如果用槽刀也可以算成刀宽；

Q（Δk）：Z 轴每刀进给量；

R（Δd）：切削到终点是 X 方向的移动量，这个在一般情况下用不到；

F：切削进给速度。

下面根据图样编写程序。

例 2-32　编制图 2-57 程序。

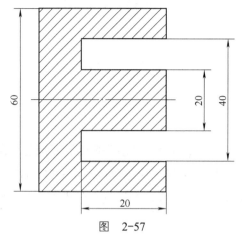

图　2-57

T0303 M08;	（宽为 3mm 的端面槽刀）
M03 S600;	
G0 X39.9 Z2;	（用左边刀尖对 X 轴，X39.9 是为了给精车留 0.1mm 余量）
G74 R0.5;	（Z 轴每次退刀 0.5mm）
G74 X26.1 Z-19.98 P2.5 Q1 F0.1;	（X 轴留 0.1mm 精车余量，Z 轴留 0.02mm 粗车余量，X 轴每次切单边 2.5mm，Z 轴每次切深 1mm）
G0 Z80;	（退刀，拉铁屑，让铁屑掉下去）
G0 X40 Z2;	（X 轴定位到精车尺寸，Z 轴定位在安全位置）
G1 Z-20 F0.1;	（G1 车削到精车尺寸，Z-20）
X26;	（20mm 加双边刀宽 6mm，20mm+3mm+3mm=26mm）
Z1;	（车削到端面）
M05;	
M09;	
G0 Z100;	
M30;	
%	

如果机床系统是千分值，那么编程应把 P2.5 Q1 改为 P2500 Q1000，FANUC 系统就是千分值编程。另外，当 G74 取消 X 轴终点和 X 轴移动量而只有 Z 轴移动时，则为打孔循环，编程格式如下。

例 2-33 编制图 2-58 程序。

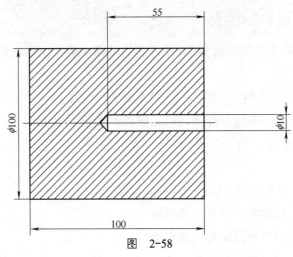

图 2-58

（φ10mm 钻头）

T0404 M08;	（φ10mm 的钻头装在 4 号刀座）
M03 S600;	
G0 X0 Z4;	（定位到 X 轴中心点，就是 X0 点，Z 轴定位在安全距离）
G1 Z0 F0.1;	（靠近工件）
G74 R0.5;	（Z 轴每次退刀 0.5mm）
G74 Z-55 Q10 F0.1;	（钻到 Z 轴终点 55mm，Z 轴每次进刀 10mm）
M05;	
M09;	
G0 Z150;	
M30;	
%	

在例 2-33 中，如果机床系统是千分值编程，则把 Q10 改为 Q10000。G74 可以灵活运用，它可以车削端面槽，可以车削外圆内孔，还可以打孔。G74 的循环轨迹为一进一退，在切削进给到 Z 轴终点后，再退回端面安全位置，进行 X 轴移动。

2.18 G75 外圆（内孔）槽切削循环

1）了解 G75 的格式

2）消化例题并熟练掌握 G75 指令

G75 切槽循环属于复合型指令，是系统为了简化编程而研发的，指令格式为：

G75 R（e）_;

G75 X（U）_Z（W）_P（Δi）_Q（Δk）_R（Δd）_F_;

该指令除了可以车削外圆槽跟内孔槽外，还可以平端面，其排屑效果也非常好。指令运动轨迹如图 2-59 所示。

指令说明：

R（e）：X 轴每次切削后的退刀量，单边值；

X（U）：X 轴的终点坐标，绝对值；

Z（W）：Z 轴的终点坐标，绝对值；

P（Δi）：X 轴每次的切削量，单边值；

Q（Δk）：Z 轴每次的移动量，有的人也说成是槽刀刀宽；

R（Δd）：切削到终点 Z 轴的移动量，这个基本上用不到；

F：切削进给速度。

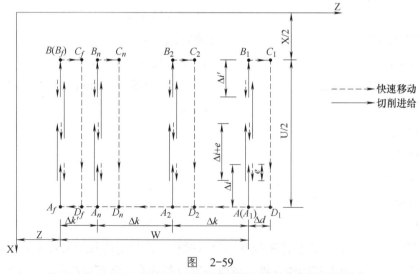

图 2-59

注：$0 < \Delta k' \leqslant \Delta k$；$0 < \Delta i' \leqslant \Delta i$；$A_n$ 为径向切削循环起点；B_n 为径向进给终点；C_n 为轴向退刀起点；D_n 为径向切削循环终点（$n = 1, 2, 3 \cdots$）。

下面直接根据图样编程。

例 2-34　 编制图 2-60 程序。

（用 4 个宽外圆槽刀，以 M 点那个刀尖对 Z0 点。）

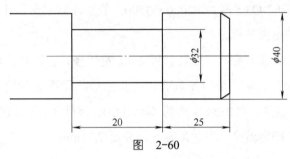

图　2-60

T0303 M08;	（4mm 宽外圆槽刀）
M03 S600;	
G0 X42 Z2;	（定位在安全位置，比外圆大）
Z-29.1;	（定位到 Z 轴切削起点，加刀宽，Z 轴留 0.1mm 精车余量 25mm+4mm+0.1mm=29.1mm）
G1 X40.5 F0.2;	（靠近工件，准备执行切削）
G75 R0.5;	（每刀切削完毕后，退刀距离为 0.5mm）
G75 X32.1 Z-44.9 P2 Q3.5 F0.1;	（X 轴、Z 轴留 0.1mm 精车余量，X 轴每次切削 2mm，Z 轴每次切削 3.5mm）
G0 X42;	（快速退刀）
Z-29;	（定位到精车 Z 轴起点位置）
G1 X32 F0.15;	（G01 开始精车，从右往左切削）
Z-45;	（切削至 Z 轴终点）
X41;	（退刀到安全位置）
G0 Z150;	（快速退刀）

M05;

M09;

M30;

%

分析例 2-34 可以看出，图 2-60 中的这种外圆槽用 G75 车削非常方便。G75 只适合粗车，不适合精车，精车还是要用 G01。G75 的切削状态属于一进一退，车削好第 1 个槽宽 3.5mm 后，再车削第 2 个槽，以此类推。如果机床系统是千分值编程，那么把 P2 Q3.5 改为 P2000 Q3500。假如车削的是内孔槽，那么就要注意定位，定位应比内孔小。

看到这里应该有读者会问：假如我用 4mm 宽的槽刀，外圆就车削一个 4mm 宽，要怎么编程呢？其实这个很简单啊，只要把 G75 里面 Z 轴终点和 Z 轴移动量删除就可以了。假如把例 2-34 里面的 Z-44.9 Q3.5 删除了，那么它就会在 Z-29.1 的位置切一个槽，槽宽就是刀宽，X 轴终点还是 32.1mm。

2.19　G76 复合型螺纹切削循环

本节学习知识点及要求

1）掌握 G76 的格式

2）了解 G76 的含义及应用

G76 属于复合型螺纹切削循环，是系统为了简化编程而研发的。它的好处在于程序段少，通俗易懂，系统会根据给的数据自动计算并进行多次螺纹切削循环，指令轨迹如图 2-61 所示。指令格式为：

G76 P（m）（r）（a）_Q（Δd_{min}）_R（d）_;

G76 X（U）_Z（W）_P（k）_Q（Δd）_F（I）_R（i）_;

指令说明：

m：螺纹最后的精车次数；

r：螺纹倒角量，就是螺纹退尾长度；

a：螺纹刀片的角度；

Q（Δd_{min}）：最小切削深度，可以理解为每次螺纹的切削深度；

R（d）：螺纹的精车余量，最后给螺纹精车留的余量；

X（U）：螺纹的底径，就是螺纹终点 X 轴的尺寸；

Z（W）：螺纹的长度，Z 轴螺纹车削多长就编多长；

P（k）：螺纹牙高，这个指螺纹的单边牙高多少，单边值；

Q（Δd）：第 1 次切削深度，就是螺纹每刀车削多深，单边值；

F：螺距；

I：每英寸牙数，适合英制螺纹等；

i：锥度螺纹大头跟小头的半径差，外圆半径为负。假如差 1mm，就是 1÷2=0.5mm。

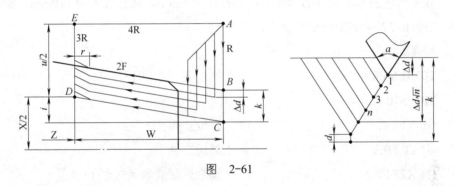

图 2-61

下面根据图样编写程序。

例 2-35 编制图 2-62 程序。

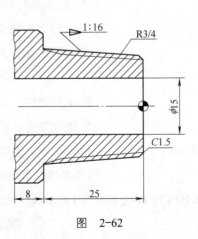

图 2-62

螺纹算法:

1:16 锥度 =1÷16=0.0625(也就是说可以先算出每毫米长度的直径);

螺纹有效长度 =23mm(25mm-1.5mm-0.5mm=23mm,螺纹刀不能碰到端面,留 0.5mm 距离);

大头小头差 =23mm×0.0625 ≈ 1.438mm;

大头尺寸 =ϕ26.441mm(查表所得);

小头尺寸 =ϕ25.003mm(26.441mm-1.438mm=25.003mm);

螺距 =1.814mm(查螺纹表得);

单边牙高 =1.179mm(1.814mm×1.3÷2 ≈ 1.179mm);

底径 =ϕ24.083 mm(26.441mm-1.179mm-1.179mm=24.083mm);

外径大外圆和小头外圆的差 =0.719mm(23mm×0.0625÷2 ≈ 0.719mm,或者用:23mm÷32 ≈ 0.719mm)。

程序如下:

T0303 M08;	(换外圆精车刀)
M03 S1000;	
G0 X13 Z2;	(定位到内孔)
G1 Z0 F0.2;	(靠近工件)
G1 X22 F0.2;	(切削到螺纹倒角起点)
X25.003 W-1.5;	(切削到螺纹倒角终点)
X26.441 Z-24.5;	(切削到大头尺寸,像这样的螺纹后面有点平面没关系)
Z-25;	(切削到 Z 轴终点)
X42;	(切削到比外圆大的位置)
G0 Z150;	
T0404 M08;	(换 4 号螺纹刀)
G0 X50 Z2;	(X 轴定位远,螺纹好排屑)
G76 P010555 Q0.1 R0.03;	(精车 1 次,退尾 0.5mm,角度为 55°,精车余量为 0.03mm)
G76 X24.083 Z-24.5 P1.179 Q0.2 R-0.719 F1.814;	(Z-24.5 是不让螺纹刀碰到产品平面)

M05;

M09;

G0 Z150;

M30;

%

分析：例 2-35 算法中的 1.3 是根据国家标准和个人经验所得。像这样的锥度螺纹，大头尺寸可以查表所得，大头小头 R 锥度 26.5mm，是车削螺纹长度加定位长度（24.5+2）mm。P010555 表示：精车 1 次，退尾 0.5mm，螺纹刀角度为 55°；Q0.1 表示每次车削单边 0.1mm；Q0.2 表示第 1 刀车削单边 0.2mm；R-0.781 表示外圆锥度 R 为负数，内孔为正数。假如机床系统是千分值编程，那么就把 Q0.1 改成 Q100、把 P1.179 改成 P1179、把 Q0.2 改成 Q200。看到这里可能读者就有问题了：要是用 G76 车削多头螺纹呢？该怎么编程呢？下面学习用 G76 偏移定位车削多头螺纹的实例。

例 2-36　编制图 2-63 程序。

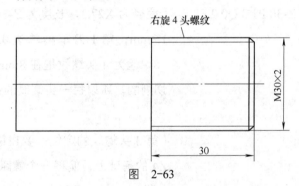

图　2-63

螺纹算法：

外圆尺寸 =ϕ29.9mm（常规 M 螺纹的外圆都要小 0.1 ～ 0.15mm）

单边牙高 =1.3mm（2mm×1.3÷2=1.3mm，螺距乘以 1.3 除以 2，等于单边牙高）

螺纹底径 =ϕ27.3mm（29.9mm-1.3mm-1.3mm=27.3mm，外圆减直径牙高）

导程 =8mm（2mm×4=8mm，螺距乘以螺纹头数）

程序如下：

T0202 M08;　　　　　　　　　　　　（换螺纹刀）

M03 S600;　　　　　　　　　　　　 （转速为 600r/min）

G0 X35 Z2;　　　　　　　　　　　　（第 1 头螺纹的定位）

G76 P010460 Q0.1 R0.02;　　　　　（精车 1 次，退尾 0.4mm，螺纹刀角度为 60°，每次切削单边 0.1mm，X 轴留精车余量为 0.02mm，直径值）

G76 X27.3 Z-30 P1.3 Q0.2 F8;　　（底径为 X27.3，长度为 Z-30，单边牙高为 1.3mm，第 1 刀车削单边 0.2mm，螺距为 F8，因为 4 头螺纹是在 8mm 的导程内完成切削的，所以每一头螺纹的螺距是 2mm）

G0 X35 Z4;　　　　　　　　　　（第 2 头螺纹的定位，要在第 1 头螺纹定位 Z2 的基础上，偏移一个螺距 2mm）

G76 P010460 Q0.1 R0.02;　　　　　（精车 1 次，退尾 0.4mm，螺纹刀角度为 60°，每次切削单边 0.1mm，X 轴精车余量为 0.02mm）

G76 X27.3 Z-30 P1.3 Q0.2 F8;　　（底径为 X27.3，长度为 Z-30，单边牙高为 1.3mm，第 1 刀车削单边 0.2mm，螺距为 F8，因为 4 头螺纹是在 8mm 的导程内完成切削的，所以每一头螺纹的螺距是 2mm）

G0 X35 Z6;　　　　　　　　　　（第 3 头螺纹的定位，要在第 2 头螺纹定位 Z4 的基础上，偏移一个螺距 2mm）

G76 P010460 Q0.1 R0.02;　　　　　（精车 1 次，退尾 0.4mm，螺纹刀角度为 60°，每次切削单边 0.1mm，X 轴精车余量为 0.02mm）

G76 X27.3 Z-30 P1.3 Q0.2 F8;　　（底径为 X27.3，长度为 Z-30，单边牙高为 1.3mm，第 1 刀车削单边 0.2mm，螺距为 F8，因为 4 头螺纹是在 8mm 的导程内完成切削的，所以每一头螺纹的螺距是 2mm）

G0 X35 Z8;　　　　　　　　　　（第 4 头螺纹的定位，要在第 3 头螺纹定位

Z6 的基础上，偏移一个螺距 2mm ）

G76 P010460 Q0.1 R0.02;　　（ 精车 1 次，退尾 0.4mm，螺纹刀角度为 60°，每次切削单边 0.1mm，X 轴精车余量为 0.02mm ）

G76 X27.3 Z-30 P1.3 Q0.2 F8;　　（ 底径为 X27.3，长度为 Z-30，单边牙高为 1.3mm，第 1 刀车削单边 0.2mm，螺距为 F8，因为 4 头螺纹是在 8mm 的导程内完成切削的，所以每一头螺纹的螺距是 2mm ）

由例 2-36 可以看出，用 G76 车削多头螺纹只要偏移定位就可以了，定位的取值来自于螺距的长度（当然个别数控系统可以直接在 G76 后面加 L，L 代表多头螺纹头数。假如例 2-36 用 L 来进行多头螺纹车削，则编写为：F2 L4，定位不需要发生偏移，直接定位 Z2 就可以）。螺纹算法中计算单边牙高用的 1.3 由国家标准和个人经验所得，国家标准是 1.0825，当然这个跟你选择的刀具有关，1.3 只是我的标准算法，具体车多深需根据实际加工决定。车好后用螺纹规检查螺纹即可。

请读者一定要看懂例题并消化它，在第 3 章螺纹去毛刺中将全部应用 G76。

2.20　G90 外圆（内孔）直线、斜线切削循环

本节学习知识点及要求

1）了解 G90 的格式

2）消化例题并能熟练运用 G90 指令

G90 属于轴向切削（圆柱）循环，为模态指令。可以车削直线，加个 R 就可以车削斜线。切削轨迹如图 2-64 所示，指令格式为：

G90 X（U）_ Z（W）_ R _ F_;

指令说明：

X（U）：绝对坐标，X 轴的终点位置；

Z（W）：绝对坐标，Z 轴的终点位置；

R：锥度，大头跟小头锥度的差值；

F：切削进给速度。

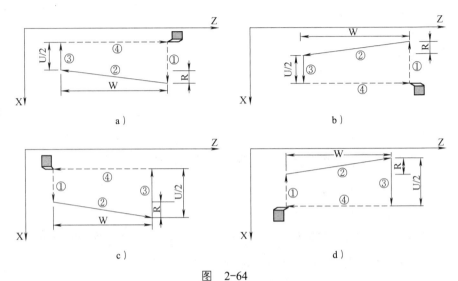

图 2-64

a）U>0，W<0，R>0　b）U<0，W<0，R<0

c）U>0，W>0，R<0（|R|≤|U/2|）　d）U<0，W>0，R>0（|R|≤|U/2|）

接下来根据图样编写程序。

例 2-37　编制图 2-65 程序。

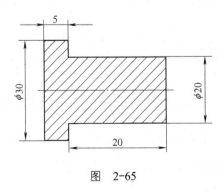

图 2-65

T0101 M08;　　　　　　　　（换 1 号刀车削外圆）

M03 S1000;

G0 X32 Z2;　　　　　　　　（定位在安全位置，比外圆大就可以）

G90 X28 Z-20 F0.2;　　　　　（第 1 刀车削到 X28，也就是说一刀车削 3mm）

X25;　　　　　　　　　　　（第 2 刀车削到 X25）

X23;　　　　　　　　　　　（第 3 刀）

X20;　　　　　　　　　　　（第 4 刀车削到成品）

M05;

M09;

G0 Z150;

M30;

%

分析例 2-37 可以看出，用 G90 车削直线特别简单，格式也简单，在 G90 的程序段里有了 Z 轴尺寸，在下面只要编写 X 轴尺寸就可以了，至于一刀车削多少需根据材料硬度决定。G90 车削的特点在于，每循环车削一次，刀具都会自动返回（定位在安全位置），再进行第二次车削循环。下面学习用 G90 车削锥度。

例 2-38 编制图 2-66 程序。

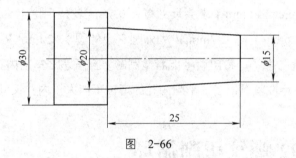

图　2-66

T0202 M08;

M03 S1000;

G0 X32 Z2;　　　　　　　　（定位到安全位置，比外圆大就可以）

G90 X25 Z-25 F0.2;　　　　　（车削直线到 X25 的位置，车好后自动返回
　　　　　　　　　　　　　　X32 Z2 位置）

X20;　　　　　　　　　　　（车削直线到 X20 的位置，车好后自动返回
　　　　　　　　　　　　　　X32 Z2 位置）

G90 X20 Z-25 R-1.5 F0.2;　　　（从 X20 位置开始车削斜线，大头是 X20，R-1.5
　　　　　　　　　　　　　　的小头为 16.6mm）

R-2.7;　　　　　　　　　　　〔从 X20 开始车削斜线，R-2.7 车到 Z0 时，

　　　　　　　　　　　　　　　小头为 15mm〕

M05;

M09;

G0 Z150;

M30;

%

　　分析例 2-38 可以看出，此工件运用了直线车法和斜线车法，可能有读者会问，R-1.5 的话，小头不是应该是 17mm 吗？ R-2.7 的小头不是应该是 14.6mm 吗？ 情况是这样的，不要忘记还有一个 Z2 定位距离，G90 车法就是定位在哪里，它就从哪里开始车削，而且每车削一刀，都要返回安全定位位置。所以长度 =25mm+2mm=27mm，那么 R-2.7 就是根据长度为 27mm 算出来的，算法如下：

　　（20mm-15mm）÷25mm=0.2（先算出每毫米的直径）

　　0.2mm×2=0.4mm（说明定位 2mm 相差 0.4mm）

　　15mm-0.4mm=14.6mm（小头尺寸减去 0.4mm 就是定位小头尺寸）

　　（20mm-14.6mm）÷2=2.7mm[（大外圆 - 小外圆）÷2 就是 R 的锥度]

　　本节到此就结束了，希望读者能看懂例题。至于怎么车削内孔呢？车法是一样的，只要注意定位就可以了。车削内孔的定位不能大于内孔尺寸，不然会撞刀。

2.21　G92 螺纹切削循环

本节学习知识点及要求

　　1）熟悉 G92 的格式及运动轨迹

　　2）了解 G92 与 G32 和 G76 的区别

　　3）消化例题

　　G92 螺纹切削跟 G76 的区别在于，G92 编程中的 X 轴程序段多，同时 G92 编程简单。G92 与 G32 的区别在于，G92 只要给出安全位置，每车削一刀执行完后，都会返回安全位置，再车削下一刀。G92 螺纹切削运动轨迹如图 2-67 所示。指令格式为：

G92 X（U）_Z（W）_J_K_F_L_P_I_;

指令说明：

X（U）：X 轴的绝对坐标值，螺纹底径的终点位置；

Z（W）：Z 轴的绝对坐标值，螺纹的长度；

J：X 轴螺纹的退尾长度；

K：Z 轴螺纹的退尾长度；

F：螺距，导程；

I：英制螺纹每英寸牙数；

L：螺纹头数；

P：退尾长度。

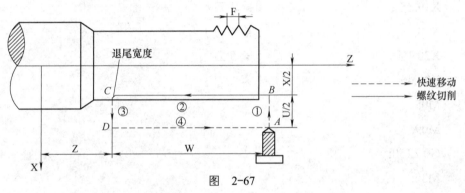

图 2-67

注：*A* 为起点（终点）；*B* 为切削起点；*C* 为切削终点。

接下来根据图样编写程序。

例 2-39 编制图 2-68 程序。

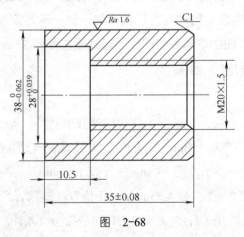

图 2-68

螺纹算法：

内孔尺寸 =18.5mm[20mm-1.5mm（M20 减去螺距），最大也可以车削到 18.7mm]；

牙高 =1.5mm×1.3=1.95mm（螺距 ×1.3，米制螺纹一般用螺距乘以 1.1 ～ 1.4）；

螺纹底径 =20.45mm（18.5mm+1.95mm）。

程序如下：

T0303 M08;   （内孔螺纹刀）

M03 S700;

G0 X17.5 Z2;   （定位到安全位置，比内孔小）

G92 X19 Z-28 F1.5;   （螺纹开始车削第 1 刀，车削到 X19）

X19.5;   （第 2 刀）

X19.8;   （第 3 刀）

X20;   （第 4 刀）

X20.3;   （第 5 刀）

X20.45;   （第 6 刀）

M05;

M09;

G0 Z150;

M30;

%

分析例 2-39 可以看出，用 G92 车削内螺纹的运动轨迹是：从定位安全位置开始车削，每车削一刀就返回安全位置，再进行第二次车削，车削方式为直进式。用 G92 车削外圆螺纹跟车削内孔螺纹的用法一样，只是定位不同，下面学习用 G92 车削多头螺纹。G92 车削多头螺纹的运动轨迹如图 2-69 所示。

例 2-40　编制图 2-69 程序。

螺纹算法：

外径 =29.9mm[一般 M（米制）螺纹的外圆小 0.1 ～ 0.15mm]；

牙高 =1.95mm（螺距 1.5mm 乘以 1.3，米制螺纹一般取值为 1.1 ～ 1.3）；

螺纹底径 =27.95mm（外径 29.9mm- 牙高 1.95mm）；

导程 =3mm（图 2-67 中是 1.5mm，由于是双头螺纹，所以用螺距 ×2）；

头数 =L2（2 头就是 L2，3 头就是 L3，4 头就是 L4）。

程序如下：

T0404 M08;　　　　　　　　　（螺纹刀）

M03 S600;

G0 X35 Z2;　　　　　　　　　（安全定位）

G92 X29.5 Z-23 F3 L2;　　　　（单头螺距为 1.5mm，双头就是 3mm，L2 表示
　　　　　　　　　　　　　　　2 头）

X29;

X28.5;

X28.2;

X27.95;

M05;

M09;

G0 Z150;

M30;

%

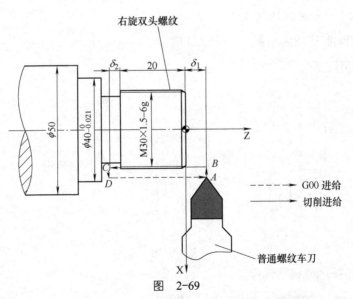

图　2-69

分析例 2-40 可以看出，记住多头螺纹就是用图样上的螺距乘以头数等于导
程，就是我们实际加工中的螺距。前两个例题中的螺纹切削量较大，在实际加工
中可以适当减小，可根据材料的硬度决定。假如要车削锥度螺纹，在 G92 程序段

中加个 R 就可以了，算法跟 2.19 节中用 G76 车削锥度螺纹一样，R 的用法也一样。螺距可以用 25.4mm÷ 牙数，也可以用 I 直接编写，这里就不再举例说明了。

2.22 G94 端面（径向）切削循环

本节学习知识点及要求

1）了解 G94 的格式

2）消化例题

G94 可以车削端面，同时也可以车削锥度，G76、G90、G92 和 G94 都有一个特点，就是定位在安全位置起点，每车削一刀都返回安全位置，再进行第 2 次车削。运动轨迹如图 2-70 所示。指令格式为：

G94_X（U）_Z（W）_R_F_；

指令说明：

X（U）：X 轴的切削终点；

Z（W）：Z 轴的切削终点；

R：切削起点跟终点的差，代表锥度；

F：切削速度。

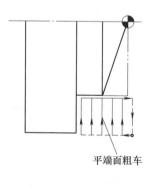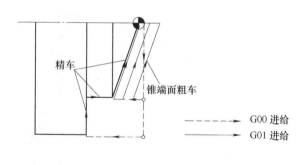

图 2-70

下面根据图样编写程序。

例 2-41　编制图 2-71 程序。

（刀片的刀尖圆弧半径为 0.8mm。）

O0050；

G99;

T0101 M08;

M03 S600;

G0 X62 Z2;   （定位在安全位置，也就是 G94 的起点，每
                    车削一刀都返回起点进行第 2 次切削）

G94 X-1.6 Z0 F0.2; （平端面，刀尖圆弧半径为 0.8mm，所以车削
                    到 X-1.6）

G94 X20 Z-2 F0.2;   （第 1 刀车削到 X20 Z-2）

Z-4;   （第 2 刀车削到 X20 Z-4）

Z-5;   （第 3 刀车削到 X20 Z-5）

M05;

M09;

G0 Z150;

M30;

%

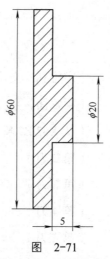

图　2-71

分析例 2-41 可以看出，这个工件是运用两个 G94 车削的，当然也可以只用一个 G94 车削。在第 1 个 G94 车削完毕以后，返回 X62 Z2 安全位置，第 2 个 G94 也是从 X62 Z2 开始车削的。G94 程序段的下一行只需要 Z 轴就可以了，X 轴是默认 G94 程序段中的 X20。下面学习用 G94 车削锥度。

例 2-42　　编制图 2-72 程序。

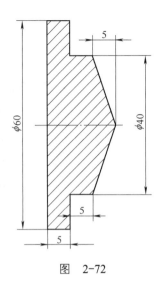

图　2-72

（刀尖圆弧半径为 0.8mm。）

O0002;

G99;

T0404 M08;

M03 S600;

G0 X62 Z2;　　　　　　　　　　（定位到安全位置，也是 G94 的起点）

G94 X-1.6 Z0. F0.2;　　　　　　（平端面，平完后自动返回 X62 Z2 位置）

G94 X40 Z-2 F0.2;　　　　　　　（从 X62 Z2 安全位置开始车削外圆台阶）

Z-4;　　　　　　　　　　　　　（第 2 刀）

Z-6;　　　　　　　　　　　　　（第 3 刀）

Z-8;　　　　　　　　　　　　　（第 4 刀）

Z-10;　　　　　　　　　　　　（第 5 刀）

G0 X40 Z2;　　　　　　　　　　（定位到安全位置）

G94 X-1.6 Z0 R-2 F0.2;　　　　　（车削斜度，大头从 Z0 向负方向偏移 2mm）

G0 X40 Z0;

G94 X-1.6 Z0 R-3 F0.2;

Z0 R-4;　　　　　　　　　　　　　　　（偏移 4mm）

Z0 R-5;　　　　　　　　　　　　　　　（偏移 5mm）

M05;

M09;

G0 Z150;

M30;

%

例 2-42 中的程序用 G94 平端面、车削台阶和锥度，需要注意的是，安全位置在哪里，就从哪里执行，安全位置就是 G94 执行的起点。

2.23　G96、G97 恒线速

本节学习知识点及要求

1）了解恒线速的格式及含义

2）熟练掌握并灵活运用 G96 和 G97 指令

所谓的恒线速是指，S 后面的线速度是恒定的，随着工件尺寸的变化，根据线速度计算出主轴转速。在用恒线速加工工件时，只要给出最高线速和周速，转速会根据工件尺寸自动变化。恒线速格式为：

G50 S_;（用 G50 设置最高转速，后面的 S 为最高转速。）

G96 S_;（用 G96 控制恒线速，就是开始执行恒线速，后面的 S 为线速度，也叫周速。）

G97 S_;（用 G97 取消恒线速，就是关闭恒线速，后面的 S 为指定主轴转速。）

下面根据图样编写程序。

例 2-43　编制图 2-73 程序。

O0050;

G99;

G50 S1200;　　　　　　　　　　　　（用 G50 设置最高转速为 1200r/min，就是转速不能超过 S1200）

T0101 M08;

G96 M03 S150;　　　　　　（G96 打开恒线速控制，主轴正转线速度为
　　　　　　　　　　　　　150m/min，就是周速为 150m/min）

G0 X52 Z2;　　　　　　　（定位到这里时，转速为 955r/min，计算公式
　　　　　　　　　　　　　在第 1 章 1.6 节中讲过）

…;

G1 X20 F0.2;　　　　　　（车削到这里时，转速为 1200r/min，计算出来
　　　　　　　　　　　　　的是 2388r/min，但由于最高转速设置不能超过
　　　　　　　　　　　　　1200r/min，所以这里的转速只能是 1200r/min）

⋮

G97 S0;　　　　　　　　　（恒线速关闭，程序结束时可以把恒线速取消
　　　　　　　　　　　　　掉，也可以不取消）

M05;

M09;

G0 Z150;

M30;

%

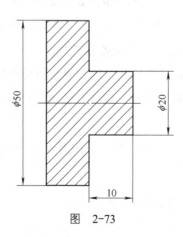

图　2-73

分析例 2-43 可以看出，给出的最高转速为 1200r/min，那么工件的转速系统会根据给出的线速度 150m/min 自动计算，尺寸大小不同，转速也就不同。假如这个工件用两把刀做，精车刀为 2 号刀，而你又不想用恒线速车削时要怎么办？见例 2-44。

例 2-44

```
T0202 M08;
G97 M03 S500;            （取消恒线速，指定转速为 500r/min）
G0 X20 Z2;              （定位到这里转速是 500r/min，没有了恒线速，
                        指定转速是多少就是多少）
…;
X52;                    （没有了恒线速，车削到 X52 时的转速依然
                        是 500r/min）
…;
M05;
M09
G0 Z150;
M30;
%
```

2.24 M98、M99 调用子程序

本节学习知识点及要求

1）理解子程序的格式

2）掌握 G50 的偏移方式

3）消化例题

调用子程序在工作中的应用非常普遍，适合于同一工件或者同一工序需要进行多次车削的情况，这个时候子程序就派上用场了。子程序调用格式为：

M98 P□□□ □□□□；

└─ 被调用的子程序号，子程序号必须是 4 位数，子程序号中的 0 必须省略

└─ 子程序调用次数（1 ～ 999），调用次数为 1 次时，可以不输入

当程序执行到 M98 的时候，系统不执行下一程序段，而是直接从主程序跳到 P 指定的子程序当中去执行。既然有调用就有返回，下面就是 M99 从子程序返回的格式：

M99 P□□□□;

    └─── 返回主程序执行的程序段号，就是程序段里面的 N 顺序号

M98、M99 指令的调用格式，见例 2-45。

例 2-45

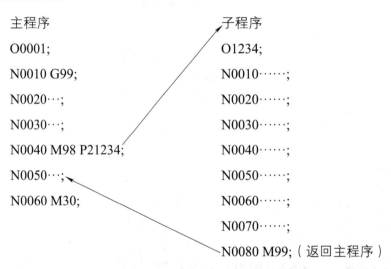

主程序	子程序
O0001;	O1234;
N0010 G99;	N0010……;
N0020…;	N0020……;
N0030…;	N0030……;
N0040 M98 P21234;	N0040……;
N0050…;	N0050……;
N0060 M30;	N0060……;
	N0070……;
	N0080 M99;（返回主程序）

  分析例 2-45 可以看出，程序执行到 M98 程序段时，M98 P21234 表示调用 2 次子程序 O1234，这个时候就直接从主程序跳到子程序里面。当子程序被调用执行 2 次后，M99 就返回主程序中的 N0050 程序段继续执行。下面根据图样编写程序。

例 2-46 编制图 2-74 程序。

（一次做 4 个工件，材料毛坯直径为 42mm。）

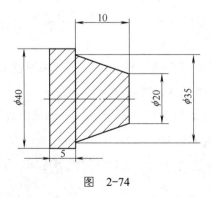

图　2-74

主程序

O0001;

G99;

M98 P40002;（调用 4 次，子程序号为 O0002）

G50 W-74;（坐标系正回来）

M05;

M09;

G0 Z100;

M30;

%

子程序

O0002;

T0101 M08;

M03 S700;

G0 X44 Z2;

G94 X-1.6 Z0 F0.2;

G0 X42 Z2;

G71 U1 R0.5 F0.2;

G71 P10 Q20 U0.1 W0.1;

N10 G0 X20;

G1 Z0 F0.2;

X35 Z-10;

X40;

Z-18;

N20;

G70 P10 Q20;

G0 Z150;

T0202 M08;（换宽度为 3mm 的槽刀切下来）

M03 S400;

G0 X44 Z2;

Z-18；

G1 X0 F0.1;

G0 X44;

G0 Z100;（退刀，准备换 1 号刀车削下一个）

G50 W18.5;（坐标系往负 方向偏移 18.5mm）

M99;（返回主程序 M98 下 一段）

分析例 2-46 可以看出,程序的格式非常清晰,主程序跟子程序是完全分开的,当程序执行到 M98 程序段时,自动跳入子程序中,换刀车削外圆,然后用槽刀切下来,最后退刀,坐标系往 Z 轴负方向偏移 18.5mm。因为我们切掉了 18mm 长,所以偏移 18.5mm 留 0.5mm 余量平端面。看到这里可能有读者会问:G50 W18.5 不是往正方向偏移 18.5mm 吗?记得在 2.13 节中我们说过,G50 偏移是相反的(正就是负,负就是正),G50 W18.5 就是往 Z 轴负方向偏移 18.5mm,当子程序调用 4 次完毕后,执行 M99 返回主程序,执行坐标系偏移,G50 W-73.5 就是往 Z 轴正方向偏移 73.5mm。因为我们第 1 次切削了 18mm 长,G50 偏移 3 次 18.5mm,加起来就是调用子程序 4 次。

用复合型固定循环指令时的注意事项:

1)在 MDI 模式下不能执行 G70 ~ G76。

2)在执行 G70 ~ G76 循环中,可以单段手动停止。

3)在执行 G70 ~ G73 时,P 和 Q 的顺序号在同一程序内不能重合。

4)很多数控系统不支持 G71 二型,应谨慎使用。

第 3 章

继哥算法、小继米德
G76 去半扣毛刺精讲

3.1 米制螺纹

本节学习知识点及要求

1) 学习螺纹毛刺的去除方法

2) 了解什么是螺纹半扣

3) 掌握螺纹用 G 指令去半扣的逻辑思路

米制螺纹又称公制螺纹，米制螺纹有 M 普通螺纹，螺纹牙型角为 60°，在工作中去螺纹毛刺一般都是把螺纹倒角倒大一点，或者是在车削好螺纹后，再精车一次倒角，最好是在螺纹倒角顶部加个圆弧。当然了，去毛刺也有很多方法。有一种方法叫去半扣，顾名思义就是把螺纹毛刺去掉半牙，比如我们常见的螺纹塞规、环规的前面毛刺是被铣掉的。现在我们学习小继米德 G76 去半扣毛刺，创始人是数控小继哥，由他的 8 年数控车床编程经验总结得出。下面根据图样编写程序。

例 3-1　编制图 3-1 程序。

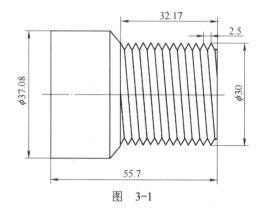

图　3-1

继哥算法：

外圆尺寸 = ϕ29.9mm（常规 M 螺纹的外圆都要小 0.1～0.15mm）；

单边牙高 =1.5mm（2.5mm×1.2÷2=1.5mm，螺距乘以 1.2 除以 2 等于单边牙高，一般用螺距乘以 1.1～1.3）；

螺纹底径 = ϕ26.9mm（29.9mm-1.5mm-1.5mm=26.9mm，外圆尺寸－两个单边牙高）。

螺纹粗车程序如下：

T0101 M08;　　　　　　　　　　　　　（螺纹刀）

M03 S700;

G0 X35 Z4;　　　　　　　　　　　　　（安全定位，车削螺纹）

G76 P010060 Q0.1 R0.02;　　　　　　（精车 1 次，螺纹牙型角为 60°，每次车削单边 0.1mm，精车余量为 0.02mm）

G76 X26.9 Z-32.17 P1.5 Q0.2 F2.5;　（牙高为 1.5mm，第 1 次车削单边 0.2mm）

螺纹去前毛刺程序如下：

T0202 M08;

M03 S700;　　　　　　　　　　　　　（转速根据工件大小自己定）

G0 X35 Z4.5;　　　　　　　　　　　　（定位剃毛刺的起点，一般在车削螺纹起点的基础上偏移 0.5～1.5mm，起点很重要的）

G76 P020860 Q0.2 R0.03;　　　　　　（精车 2 次，退尾 0.8mm，就是利用退尾去毛刺，角度为 60°，每次车削单边 0.2mm，精车余量为 0.03mm）

G76 X27.2 Z-5 P1.5 Q1 F2.5;　　　　（X 轴大于等于底径，Z 轴决定半扣长度）

螺纹精车程序如下：

T0101 M08;

M03 S700;　　　　　　　　　　　　　（跟螺纹粗车一样，才不会乱牙）

G0 X35 Z4;　　　　　　　　　　　　　（跟螺纹粗车定位一样，才不会乱牙）

G76 P010060 Q0.2R0.02;　　　　　　（P 跟螺纹粗车一样，每刀进给可以加大）

G76 X26.9 Z-32.17 P1.5 Q0.8 F2.5;　（其他跟螺纹粗车一样，第 1 次车削可以加大）

分析例 3-1 逻辑思路：螺纹去半扣就是利用螺纹错牙的原理定位前毛刺起点，利用螺纹退尾的原理去毛刺，因为螺纹毛刺跟螺纹不同，毛刺是从起点到螺纹外圆，由低到高形成的，所以就可以利用螺纹退尾由低到高进行车削，由于每台数控参数不同，转速不同，定位起点也不同，所以必须学会逻辑思路，思路才是去毛刺的根本。前毛刺刀可选择外圆刀或槽刀等，刀具如图3-2所示。

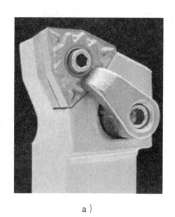

a）　　　　　　　　　　　　　b）

图　3-2

a）剃前毛刺刀　b）螺纹刀

分析完思路，我们看看例3-1车削出来的效果（见图3-3）。效果很明显，前面的螺纹毛刺已经没了，在剃毛刺过程中，剃毛刺起点需要进行修改，并不是一次成功的。修改方法为：看图3-3中剃前毛刺起点，假如想把起点往前改一下，就把"Z4.5"改为"Z4.3"或者"Z4.2"，假如想把起点往后改一下，就把"Z4.5"改为"Z4.7"或者"Z4.8"，至于剃前毛刺终点嘛，就根据毛刺的长度来决定，毛刺长一点Z轴就要往负方向多改一点。这样剃出来的半扣是需要精车的，因为剃毛刺的时候，毛刺往负方向去了，所以螺纹需要精车，像这样的半扣由3步组成，粗车、剃毛刺、精车。当然G32和G92都可以做，只要思路正确就都没有问题。

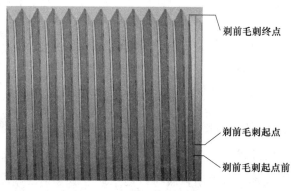

剃前毛刺终点

剃前毛刺起点

剃前毛刺起点前

图　3-3

　　像例 3-1 中用外圆刀剃出来的半扣，带一点斜面，假如想要半扣是平行面的话，可采用槽刀，槽刀剃出来是平的。螺纹去后毛刺的道理也是一样的，唯一的不同就是主轴需要反转，这个在后面会讲解。去半扣都是根据图样要求做，不需要去半扣时，可以把倒角倒大一点，车削好后螺纹再精车一次，方式比去半扣简单，下面编写程序。

例 3-2　编制图 3-1 程序。

粗车倒角程序：

G0 X25.1 Z2;	（定位到倒角起点，倒角为 C2.5mm）
G1 Z0 F0.2;	（靠近工件）
X30 W-2.4 R1.5;	（车削倒角，留 0.1mm 精车余量，由于刀尖圆弧半径为 0.8mm 刀尖，倒 0.7mm 的圆弧角）
Z-5;	（过渡圆弧倒角终点）
G0 U2 Z150;	（退刀）

车削完螺纹以后精车倒角程序：

G0 X32 Z2;	（定位在安全位置）
Z-5;	（快速移动到过渡圆弧终点）
G1 X30 F0.2;	（靠近工件外圆）
Z-2.5 R1.5;	（开始倒角，倒角顶部有半径为 0.7mm 的圆弧，由于刀尖圆弧半径为 0.8mm，所以编 R1.5）
X25 Z0;	（倒角终点）
G0 Z150;	（退刀）

　　倒角为 C2.5mm，顶部倒个圆弧，这个采用的是过渡圆弧，也可以用 G03，编程道理一样，只不过过渡圆弧编程简单，可以直接用 G1 车削圆弧。FANUC 系统用 R 表示过渡圆弧，980TB2/980TB3 系统用 B 代替 R 表示过渡圆弧，980TDC 系统用 D 代替 R 表示过渡圆弧，KND 系统直接 G1 加 R 就可以表示过渡圆弧。顶部不倒圆弧也可以，只是倒个圆弧摸着更舒服。

注意：数控系统是千分值编程的一定要改 P、Q 的数值，读者一定要牢记去半扣逻辑思路，思路才是去半扣的根本，有思路可根据不同的螺纹去不同的半扣。

3.2 英制螺纹

本节学习知识点及要求

1) 了解英制螺纹算法

2) 掌握英制螺纹去半扣的逻辑思路

英制螺纹是螺纹尺寸用英制标注。按外形分为圆柱和圆锥两种，按牙型分为 55° 和 60° 两种，螺纹中的 1/4、1/2 和 1/8 标记是指螺纹尺寸的直径，单位是 in（英寸），后面每英寸牙数可以算成螺距，用 25.4 除以牙数就是螺距，在编程中也可以用 I 表示。下面根据图样编写程序，刀具如图 3-5 所示。

例 3-3　编制图 3-4 程序。

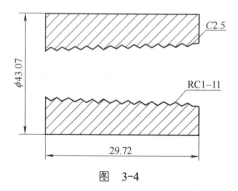

图　3-4

螺纹算法：

1:16 锥度 =1÷16=0.0625（先算出每毫米的直径）；

螺纹有效长度 =27.22mm（29.72mm-2.5mm=27.22mm，总长度减倒角）；

大头小头差 =27.22mm×0.0625 ≈ 1.7mm；

内孔大头尺寸 =ϕ30.2mm（根据查表所得）；

小头尺寸 =ϕ28.5mm（30.2mm-1.7mm=28.5mm）；

底径 = φ31.5mm（28.5mm+1.5mm+1.5mm=31.5mm）；

螺距 =2.309mm（查螺纹表，也可以用 25.4mm÷11 ≈ 2.309mm）；

单边牙高 =1.5mm（2.309mm×1.3÷2 ≈ 1.5mm）；

内孔大头尺寸和小头尺寸的差 =0.913mm[29.22mm×0.0625÷2 ≈ 0.913mm （29.22mm=27.22mm+2mm 定位），或者用 29.22mm÷32 ≈ 0.913mm。锥度 R 等于 1/32 乘以长度，其中，1/32 的意思是：锥螺纹的锥度为 1:16，单边就是 1:32；长度的意思是：定位点加有效长度，比如定位在 2mm 处，有效长度为 27.22mm，R=1÷32×（2mm+27.22mm）≈ 0.913mm]。

螺纹程序如下：

T0303 M08;	（螺纹刀）
M03 S600;	
G0 X26 Z2;	（螺纹刀定位，注意 Z 轴定位，剃毛刺的定位就是在 Z2 的基础上偏移的）
G76 P010055 Q0.1 R0.02;	（精车 1 次，不要退尾，角度为 55°，每次单边车削 0.1mm、精车余量为 0.02mm）
G76 X31.5 Z-29.22 P1.5 Q0.2 F2.309 R0.913;	（牙高为 1.5mm，第 1 刀车削单边 0.2mm，螺距为 2.309mm，也可以用 I11 表示螺距，因为是 11 牙，锥度为 0.913mm，记住内孔锥度为正）

剃前毛刺程序如下：

T0404 M08;	（内孔刀）
M03 S600;	
G0 X26 Z2.5;	（在粗车 Z2 的基础上偏移 0.5mm，前毛刺起点就是 2.5mm）
G76 P020855 Q0.2 R0.03;	（精车 2 次，退尾 0.8mm，利用退尾去毛刺）

G76 X33.4 Z-5 P1.5 Q0.8 F2.309 R0.23;　（Z-5 前毛刺终点）

精车螺纹程序如下：

T0303 M08;　　　　　　　　　　　（螺纹刀）

M03 S600;　　　　　　　　　　　（转速跟粗车一样）

G0 X26 Z2;　　　　　　　　　　　（定位跟粗车一样）

G76 P010055 Q0.2 R0.02;

G76 X31.5 Z-29.22 P1.5 Q1 F2.309 R0.913;

a）　　　　　　　　　　　　　b）

图　3-5

a）内孔剃前毛刺刀　b）内孔螺纹刀

分析例 3-3，英制螺纹牙高一般用螺距乘以 1.1 ～ 1.3，车削出来不对可以改刀补，因为有的螺纹刀尖很圆、有的很尖，所以一般都是看螺纹刀来，像这样的螺纹剃毛刺需要 3 步：粗车、剃毛刺、精车。剃毛刺最重要就是起点和退尾，起点 Z2.5 代表前毛刺起点，退尾 0.8mm 就是毛刺延长的高度、长度，因为毛刺是从低到高的，像抛物线一样，所以就利用退尾去毛刺，因为退尾也是像抛物线一样，从低到高延长的，这个就是小继米德去半扣的逻辑思路。

如果数控系统是千分位编程，每次切削量、牙高和第一次切削量都要乘以 1000。前毛刺效果如图 3-6 所示。

通过图 3-6 可以很清楚地看到毛刺已经被剃掉，这个毛刺并不是一次性车削出来的，也需要慢慢调整。这里告诉大家一个思路，我们看图 3-6 中的前毛刺起点，假如要往起点前面改，就把 Z2.5 改成 Z2.3；要往后改，就把 Z2.5 改成 Z2.7。去半扣剃毛刺就是利用错牙的思路，只要把这个想明白了，就学会了。

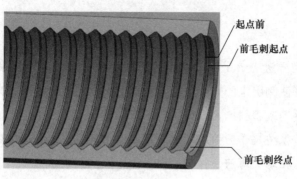

起点前

前毛刺起点

前毛刺终点

图 3-6

例 3-3 选择的是用内孔刀剃毛刺，也可以选择其他刀。其实在工作中这个螺纹也不需要剃毛刺，还有一种办法，就是倒角。在车削螺纹以前倒一次，在车削好螺纹后再倒一次，记住最好加上圆弧。下面编写程序。

例 3-4 编制图 3-4 程序。

粗车内孔：

T0303 M08;	（内孔刀）
M03 S600;	
G0 X35.1 Z2;	（定位在倒角起点）
G1 Z0.1 F0.2;	（靠近工件留 0.1mm 余量）
X30.2 W-2.5 R1.5;	（在倒角上车削出一个半径为 0.7mm 的圆弧，因为刀尖圆弧半径为 0.8mm，所以编 R1.5）
X28.5 Z-29.22;	（车削内孔）
G0 U-0.5 Z150;	（退刀）

车削好螺纹后，再精车一次倒角

T0303 M08;	（内孔刀）
M03 S600;	
G0 X29 Z2;	（安全定位）
Z-5;	（移动到 Z 轴起点）
G1 X29.9 F0.2;	（靠近内孔）
X30.2 Z-2.5 R1.5;	（从左到右车毛刺不会翻过去）

X35.2 Z0;   （倒角）

G0 Z150;

例 3-4 中的方法应该是比较常用的方式，也很方便，倒出来也没有毛刺，加个圆弧是为了使倒出来的效果更好，摸着、看着更舒服。但螺纹起点还是尖的，剃半扣的就是平的或者斜的，根据图样要求做就行。

注意：数控系统是千分值编程的一定要改 P、Q 的数值。希望读者牢记去毛刺的思路、方法和螺纹算法，并能够在工作中灵活运用。

3.3　RD 螺纹

本节学习知识点及要求

1) 了解 RD 螺纹

2) 学习 RD 螺纹的算法

3) 掌握 RD 螺纹剃毛刺的思路

RD 是指圆螺纹，是一种按照德国标准的牙型角为 30°、螺纹顶部和底部都是圆弧状的螺纹。为德国 DIN（德国标准化学会）所定的标准螺纹，适用于灯泡、橡皮管和流体配件等，代表符号为 RD。下面根据图样编写程序。

例 3-5　编制图 3-7 程序。

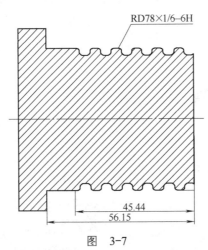

图　3-7

注：RD78 为外圆尺寸；6H 为螺纹精度。

继哥算法：

外径 =φ77.5mm（查表）；

底径 =φ73mm[77.5mm−（4.233mm×1.07），1.07 为继哥算法得出]；

牙高 =2.265mm（4.233mm×1.07÷2）。

螺纹粗车程序如下：

T0303 M08;　　　　　　　　　　　　（3 号螺纹刀）

M03 S500;　　　　　　　　　　　　（转速为 500r/min）

G0 X85 Z4;　　　　　　　　　　　（安全定位，Z 轴决定螺纹起点）

G76 P010530 Q0.1 R0.03;　　　　（精车 1 次，退尾 0.5mm，螺纹牙型角为 30°，每次切削深度为 0.1mm，螺纹的精车余量为 0.03mm）

G76 X73 Z-45.44 P2.264 Q0.2 F4.233;　　（螺纹底径为 73mm，Z 轴螺纹长度为 45.44mm，螺纹单边牙高为 2.264mm，螺纹第 1 刀切削深度为 0.2mm）

螺纹前毛刺程序如下：

T0404 M08;　　　　　　　　　　　　（普通外圆刀）

M03 S500;　　　　　　　　　　　　（转速为 500r/min）

G0 X85 Z4.9;　　　　　　　　　　（安全定位，Z 轴在螺纹粗车 Z4 的基础上偏移 0.9mm）

G76 P020830 Q0.2 R0.02;　　　　（精车两次，退尾 0.8mm 用来倒毛刺）

G76 X73 Z-6 P2.264 Q1.5 F4.233;　　（Z-6 为剃毛刺终点，长度取值根据毛刺长度决定）

螺纹精车程序如下：

T0303 M08;　　　　　　　　　　　　（3 号螺纹刀）

M03 S500;　　　　　　　　　　　　（转速跟粗车一样，不然会乱牙）

G0 X85 Z4;　　　　　　　　　　　（定位也要跟粗车一样,否则会乱牙）

G76 P020530 Q0.2 R0.02;　　　　（P 值跟粗车一样，每次切削深度和精车余量可以自行变化）

G76 X73 Z-45.44 P2.264 Q1.8 F4.233;　　　（其他跟粗车都一样，第1次切削的深度可以深一点，因为螺纹剃毛刺时会留下一点反毛刺，所以螺纹需要再精车1次）

分析例3-5，像这样一个RD螺纹去毛刺需要3步：粗车、剃前毛刺、精车。至于剃前毛刺的思路就是利用错牙原理定位，利用退尾去毛刺。在一般情况下，以粗车起点为基准偏移0.5～1.5mm来进行前毛刺定位，也可以偏移更多。

剃前毛刺可以选择外圆刀，也可以选择槽刀，根据自己的需求来选择，如图3-8所示。

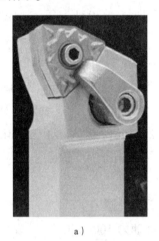
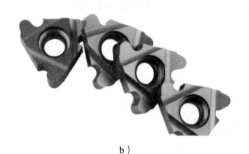

30RD圆弧螺纹刀

钢件/不锈钢通用

a）　　　　　　　　　　　　b）

图　3-8

a）剃前毛刺刀　b）RD螺纹刀

注意：数控系统是千分值编程的一定要改P、Q的数值。

3.4　RJT 螺纹

本节学习知识点及要求

1）了解 RJT 螺纹

2）学习 RJT 螺纹的算法

3）学习前后剃毛刺

RJT 螺纹接头，属于卫生级螺纹活接头，用于制药、乳制品和石油等行业，下面编写程序。

例 3-6 编制图 3-9 程序。

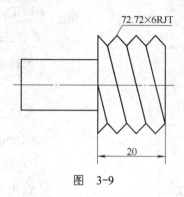

图 3-9

螺纹算法：

外径 =ϕ72.72mm（图样给出）；

螺距 =4.233mm（25.4mm÷6 ≈ 4.233mm）；

牙高 =2.8mm（1.32mm×4.233mm÷2 ≈ 2.8mm）；

底径 =ϕ67.12mm（72.72mm−2.8mm−2.8mm=67.12mm）。

螺纹粗车程序：

T0101 M08;   （RJT 成形螺纹刀）

M03 S500;

G0 X80 Z4;   （安全定位）

G76 P010000 Q0.1 R0.02;   （粗车后面没有直线不用退尾，成形刀可以不用编写角度）

G76 X67.12 Z-24 P2.8 Q0.2 F4.233;

剃前毛刺程序：

T0202 M08;   （常规外圆刀）

M03 S500;

G0 X80 Z4.9;   （在粗车 Z4 的基础上，偏移 0.9mm 为剃毛刺起点，利用错牙原理去毛刺）

G76 P010700 Q0.5 R0.02;   （退尾 0.7mm 用来剃毛刺，外圆刀不需要输入角度）

123

G76 X67.12 Z-6 P2.8 Q1.8 F4.233;　　　　（Z-6 毛刺终点决定剃毛刺的移动长度）

剃后毛刺程序：

T0303 M08;　　　　（用反刀，这里用 3mm 反槽刀，刀宽必须大于螺距一半以上）

M04 S500;　　　　（反转）

G0 X80 Z4;

Z-28.1;　　　　[偏移 5.1mm 为后毛刺起点，用 28.1mm−20mm（长度）−3mm（刀宽）]

G76 P010700 Q0.5 R0.02;　　　　（退尾 0.7mm，利用退尾跟着毛刺走）

G76 X67.12 Z-22.6 P2.8 Q1.8 F4.233;　　　　（终点长度为 5.5mm，用 28.1mm−22.6mm，当然这个根据毛刺长度决定）

精车程序：

T0101 M08;

M03 S500;

G0 X80 Z4;　　　　（必须跟粗车定位一样，才不会乱牙。切削量可以加大，精车主要只是去掉剃毛刺留下的翻边，一般走 3 ～ 5 刀）

G76 P010000 Q0.5 R0.02;

G76 X67.12 Z-24 P2.8 Q2 F4.233;

例 3-6 剃毛刺的逻辑思路就是错牙，利用螺纹错牙原理，利用退尾的斜度跟着毛刺走，就可以完成剃毛刺去半扣，前毛刺一般偏移 0.5 ～ 1.5mm，退尾量一般给 0.5 ～ 1.2mm，具体根据螺距决定，螺距越大，退尾量就给得越大，同样定位偏移也给的越大。去毛刺半扣效果如图 3-10 所示。

下面通过图 3-10，给大家讲解一下剃毛刺起点的改法。假如想把前毛刺起点往前移动 0.3mm，那么就把 Z4.9 改为 Z4.6。假如想把后毛刺起点往前改 0.4mm，那么就把 Z-28.1 改为 Z-27.7。当然终点按正常改就可以了，想车削长点就改长点。

加工刀具如图 3-11 所示。

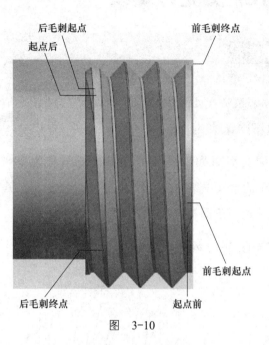

图　3-10

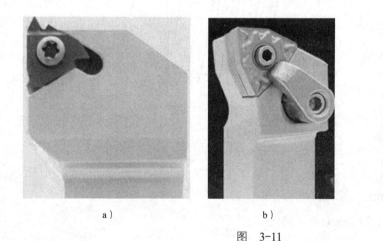

　a）　　　　　　　　　　　　b）　　　　　　　　　　　　c）

图　3-11

a）RJT 螺纹刀　b）剃前毛刺刀　c）剃后毛刺反刀

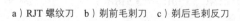

　　注意: 如果数控系统是千分值编程，那么就把G76第1行的Q及第2行的P、Q的数值分别乘以1000得出的数值再输入进去就可以了，读者一定要掌握错牙的逻辑思路。

3.5 ACME/艾克母螺纹

1）了解 ACME 螺纹

2）掌握车削螺纹公式的算法

3）学习前后剃毛刺的思路

ACME 是美国艾克母螺纹的代号，螺纹牙型角为 29°。例如美制螺纹 4-4ACME-2G 表示的含义：第 1 个 4 代表公称直径为 4in，第 2 个 4 代表牙数，2G 代表螺纹精度等级。下面根据图样编写程序。

例 3-7　编制图 3-12 程序。

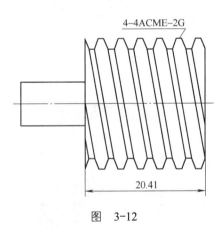

图　3-12

螺纹算法：

外径 =ϕ119.25mm（查表所得）；

螺距 =6.35mm（25.4mm÷4=6.35mm）；

牙高 =3.9mm（1.23×6.35mm÷2=3.9mm）；

底径 =ϕ111.45mm（119.25mm-3.9mm-3.9mm=111.45mm）。

粗车程序：

T0101 M08;　　　　　　　　　　　（ACME 成形螺纹刀）

M03 S300;

G0 X120 Z4;

G76 P010000 Q0.1 R0.02;　　　　　　　（成形刀的螺纹牙型角可输可不输）

G76 X111.45 Z-25 P3.9 Q0.2 F6.35;

剃前毛刺程序：

T0202 M08;　　　　　　　　　　　　（常规外圆刀）

M03 S300;

G0 X120 Z6;　　　　　　　　　　　　（以粗车 Z4 为基础偏移 2mm 为前毛
　　　　　　　　　　　　　　　　　　　刺起点，根据错牙原理）

G76 P011000 Q0.5 R0.02;　　　　　　　（利用退尾 1mm 剃毛刺，由于螺距较
　　　　　　　　　　　　　　　　　　　大所有退尾也大）

G76 X111.45 Z-9.5 P3.9 Q3 F6.35;　　　（终点根据毛刺长度决定）

剃后毛刺程序：

T0303 M08;　　　　　　　　　　　　（4mm 反槽刀，Z 轴跟外圆刀一样对刀）

M04 S300;

G0 X120 Z2;

Z-26.21;　　　　　　　　　　　　　　（偏移 1.8mm 为后毛刺起点，26.21mm-
　　　　　　　　　　　　　　　　　　　20.41mm-4mm=1.8mm）

G76 P011000 Q0.5 R0.02;　　　　　　　（利用退尾 1mm 剃毛刺，由于螺距较
　　　　　　　　　　　　　　　　　　　大所有退尾也大）

G76 X111.45 Z-16.4 P3.9 Q3 F6.35;　　（终点根据毛刺长度决定）

精车程序：

T0101 M08;

M03 S300;　　　　　　　　　　　　　（起点的转速必须跟粗车一样，不然会

G0 X120 Z4;　　　　　　　　　　　　乱牙。相比粗车程序只要改变切削量

G76 P010000 Q0.5 R0.02;　　　　　　　就可以了，为的是少车削几次，一般

G76 X111.45 Z-25 P3.9 Q3.3 F6.35;　　精车 3 ～ 5 刀）

　　例 3-7 剃毛刺的逻辑思路为错牙，利用退尾去毛刺。因为毛刺是由底径到
外径，从低到高，像抛物线一样，所以就利用退尾去掉它，因为退尾也是像一
个抛物线。至于起点怎么设置，由于转速不同，螺距不同，定位起点也不同，
需要一点点去试，具体改法看效果图 3-13。

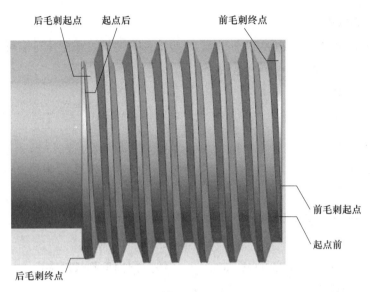

后毛刺起点　起点后　　　　前毛刺终点

前毛刺起点

起点前

后毛刺终点

图　3-13

　　通过图 3-13 可以清楚地看到剃毛刺的起点跟终点，那么在调试时该怎么改呢？如果想把起点往前改 0.5mm，那么就把 Z6 改为 Z5.5；如果想把起点往后改 0.5mm，那么就把 Z6 改为 Z6.5。简单吧？下面看看后毛刺。同样的道理，要想把后毛刺的起点往后改 0.3mm 就把 Z-26.21 改为 Z-25.91。怎么样？现在搞清楚方向了吧？记住起点很重要，终点则根据毛刺的长度决定。平导轨数控车床，剃后毛刺刀在装刀时需要将刀尖朝下，反转；斜导轨车床就是将刀尖朝上安装，反转。

　　注意：数控系统是千分值编程的一定要改 P、Q 的数值。逻辑思路为利用错牙原理，G76 退尾去螺纹毛刺半扣。希望读者牢记逻辑思路。

3.6　NPT 螺纹

本节学习知识点及要求

1）了解 NPT 螺纹知识

2）掌握美制锥螺纹的算法

3）学习去毛刺半扣的思路

NPT 螺纹为美国标准 60° 锥管螺纹，分为一般密封圆柱管螺纹和一般密封圆锥管螺纹。下面根据图样编写程序。

例 3-8 编制图 3-14 程序。

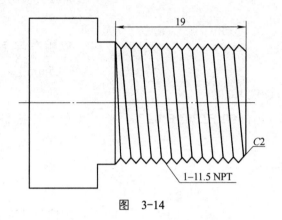

图 3-14

螺纹算法：

锥度 =1÷16=0.0625（先算出每毫米的直径）；

螺纹有效长度 =17mm（19mm–2mm=17mm，总长度减倒角）；

大头小头差 =17mm×0.0625=1.0625mm；

外圆大头尺寸 =ϕ33.228mm（查表所得）；

小头尺寸 =ϕ32.1655mm（33.228mm–1.0625mm=32.1655mm）；

螺距 =2.208mm（查螺纹表，也可以用 25.4mm÷11.5 ≈ 2.208mm）；

单边牙高 =1.6（2.208mm×1.45÷2 ≈ 1.6mm）；

底径 =ϕ30.028mm（33.228mm–1.6mm–1.6mm=30.028mm）；

外圆大头尺寸和小头尺寸的差 =0.656mm[21mm×0.0625÷2 ≈ 0.656mm，或者用 21mm÷32 ≈ 0.656mm。锥度 R 等于 1/32 乘以长度，其中，1/32 的意思是：锥螺纹的锥度为 1:16，单边就是 1:32；长度的意思是：定位点加有效长度，比如定位在 2mm 处，有效长度为 19mm，R=1÷32×（19mm+2mm）≈ 0.656mm]。

螺纹粗车程序：

T0101 M08;   （成形螺纹刀）

M03 S700;

G0 X40 Z2;   （粗车定位）

G76 P010460 Q0.1 R0.02;

G76 X30.028 Z-19 P1.6 Q0.2 R-0.656 F2.208;　　（螺纹粗车）

剃前毛刺程序：

T0202 M08;　　　　　　　　　　　　（常规外圆刀）

M03 S700;

G0 X40 Z2.5;　　　　　　　　　　　（以粗车起点 Z2 为基础，偏

　　　　　　　　　　　　　　　　　　移 0.5mm）

G76 P010760 Q0.2 R0.02;

G76 X29.3 Z-5 P1.6 Q1 F2.208 R-0.23;　　　（剃毛刺终点长度根据毛刺长

　　　　　　　　　　　　　　　　　　度决定）

螺纹精车程序：

T0101 M08;

M03 S700;　　　　　　　　　　　　（定位、转速跟粗车一样，只

G0 X40 Z2;　　　　　　　　　　　　是切削量发生了变化，为了少

G76 P010460 Q0.3 R0.02;　　　　　　车削几次，用 G92 和 G32 也

G76 X30.028 Z-19 P1.6 Q0.9 R-0.656 F2.208;　　可以）

本节说到这里，对于 G76 大家已经非常熟悉了，至于 G76 里面的含义，由于在前面章节已经学习过了，这里就不过多解释了。剃毛刺的逻辑思路为：错牙，利用退尾倒角量去半扣。剃前毛刺除了用外圆刀外，还可以用槽刀。当然也有去毛刺的方法比去半扣快、方便，但是去不了半扣，只能去螺纹毛刺。

例 3-9　编制图 3-14 程序。

T0202 M08;

M03 S800;

G0 X35 Z2;

Z-3.5;

G1 X32.5 F0.2;　　　　　　　　　　　（刀片 R 角半径为 0.8mm）

G1 X32.2 Z-2 R1.5;

X28.16 Z0 R1.3;

U-2.6;

G0 Z100;

例 3-9 中的用法是在车削好螺纹后，用外圆刀从左往右车削，目的去螺纹前牙的毛刺，编程方式为 FANUC 系统的过渡圆弧，系统不支持过渡圆弧的话可以用 G02 完成，车削出的圆弧摸着没有毛刺，手感也很好，外表美观。下面从另一个角度去看看半扣效果图，如图 3-15 所示。

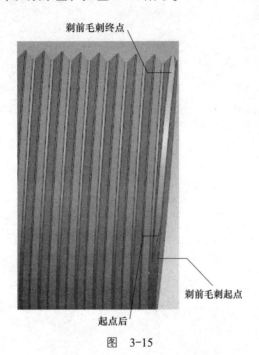

图　3-15

从仿真效果图可以清楚地看到前面的毛刺剃没了，出现一个小平面，这个就是半扣。前毛刺起点的改法，本章已经说过很多次了，假如你要往起点前面改 0.2mm，就把 Z3.5 改为 Z3.3；假如你要往后改 0.2mm，就把 Z3.5 改为 Z3.7。至于终点则根据毛刺的长度改就行了，最重要的就是起点，说白了就是错牙，以螺纹头为基准。

本章中对继哥算法、小继米德 G76 去半扣毛刺的讲解到此就结束了，数控系统是千分值编程的一定要改 P、Q 的数值，读者一定要掌握逻辑思路、错牙原理和退尾倒角量去半扣，同时本章也列举了 6 种螺纹去半扣的思路和程序，目的是为了使读者更容易理解。

第 4 章

异形槽算法实例精讲

4.1 V形槽算法实例

1）掌握V形槽的车削方法

2）学习运用半径补偿

异形槽一般机械厂做得比较多，大多数为机械配件，本节学习V形槽的车削方法。

例 4-1 编制图 4-1 程序。

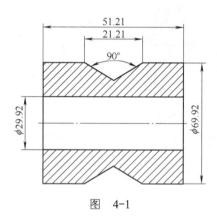

图 4-1

（毛坯外圆直径为 75mm，内孔直径为 27mm，长度为 53mm，这样的工件可以先车削内孔，再做外圆。）

第一道工序，夹外圆，平端面，车削内孔：

O0001;

T0101 M08;　　　　　　（常规外圆刀）

M03 S600;

G0 X77 Z3;　　　　　　（安全定位）

G94 X25 Z0 F0.15;　　　（G94 平端面）

G0 Z150;

T0202 M08;　　　　　　（内孔刀）

M03 S800;

G0 X27 Z2;　　　　　　　　（安全定位）

G90 X29.92 Z-53 F0.15;　　（G90 车削内孔）

G0 Z150;

M30;

第二道工序，用内涨爪子撑内孔做外圆：

O0002;

T0101 M08;　　　　　　　　（外圆刀）

M03 S600;

G0 X78 Z3;　　　　　　　　（安全定位）

G94 X27 Z0 F0.15;　　　　　（平端面）

T0303 M08;　　　　　　　　（外圆 3°尖刀，如图 4-2 所示）

M03 S600;

G0 X76 Z2;　　　　　　　　（安全定位）

G71 U1 R0.2 F0.2;　　　　　（单边车削 1mm，退刀 0.2mm，速度为 0.2mm/min）

G71 P10 Q20 U0.5 W0;　　　（X 轴留余量 0.5mm，Z 轴不用留，否则会过切）

N10 G0 X69.92 W0;　　　　　（用 G71 二型做，加 W0 实现两轴同时移动）

G1 Z-15 F0.2;

X48.71 W-10.605;

X69.92 W-10.605;

Z-53;

N20;

G70 P10 Q20;　　　　　　　（G70 精车循环，执行 N10 ～ N20 之间的程序段）

G0 Z150;

M30;

　　例 4-1 是运用 G71 二型做的一个工件，一般很多机床不支持 G71 二型。
G71 二型可以实现两轴同时递增和同时递减，在本书第 2 章 2.14 节里面学习过。
当数控系统不支持 G71 二型时怎么办呢？我们可以用 G73 仿形加工来完成。

例 4-2　编制图 4-1 程序。

T0303 M08;	（外圆 35° 尖刀，如图 4-2 所示）
M03 S600;	
G0 X76 Z2;	（安全定位）
G73 U13 R12 F0.2;	（单边有 13mm 余量，车削 12 刀，速度为 0.2mm/s）
G73 P10 Q20 U0.5 W0;	（X 轴留余量 0.5mm，Z 轴不用留，否则会过切）
N10 G0 X69.92;	
G1 Z-15 F0.2;	
X48.71 W-10.605;	
X69.92 W-10.605;	
Z-53;	
N20;	
G70 P10 Q20;	（G70 精车循环，执行 N10 ～ N20 之间的程序段）
G0 Z150;	
M30;	

例 4-2 是用 G73 做外圆槽。G73 的缺点是空刀太多，浪费时间，做这样的 V 槽的方法很多。

在加工中为了达到尺寸的准确性，可以采用刀尖半径补偿的办法，这也是很多人不会用的。像图 4-1 中的工件需要用 8 号假想刀尖方向（在刀补页面 T 下面输入 8），图 4-2 所示的刀尖圆弧半径为 0.4mm（在刀补页面 R 下面输入 0.4），用 G42 从左到右车削。

例 4-3　编制图 4-1 程序。

图　4-2

（外圆半径补偿精车编程实例。）

G0 X69.92 Z2;	（精车程序，安全定位）
G1 Z0 F0.2;	（靠近工件）
G42 Z-15 F0.2;	（执行 G42 刀尖半径补偿）
X48.71 W-10.605;	

X69.92 W-10.605;

Z-53 G40;　　　　　　　　（G42执行完毕以后，要用G40取消半径补偿）

刀尖半径补偿在第2章中讲解过，这里不再赘述。

注意：读者一定要看懂例题并消化它，至于工艺安排，每个人的都不同，呈现出的效果也不同。

4.2　U形槽算法实例

本节学习知识点及要求

1) 掌握U形槽的车削方法

2) 熟悉用刀尖半径补偿车削U形槽

U形槽在生活中应用很广，如机械配件滑轮等，车削U形槽所用的刀只能是圆弧刀，浅的可以用35°外圆尖刀，下面进行实例编程。

例4-4　编制图4-3程序。

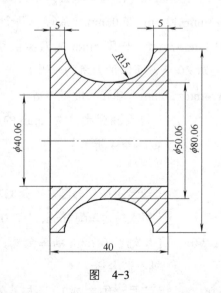

图　4-3

（毛坯外圆直径为82mm，内孔直径为38mm，长度为42mm，用4mm宽的圆弧槽刀做，刀尖圆弧半径为 2mm，工艺安排为先车内孔再车外圆。）

第一道工序，平端面，车削内孔：

O0001;	
T0101 M08;	（1 号外圆刀）
M03 S500;	
G0 X84 Z2;	（安全定位）
G94 X36 Z0 F0.15;	（平端面控制总长尺寸）
G0 Z150;	
T0202 M08;	（内孔刀）
M03 S600;	
G0 X38 Z2;	（安全定位）
G90 X40.06 Z-42 F0.15;	（车削内孔）
G0 Z150;	
M30;	

第二道工序，车削外圆：

圆弧算法：

圆弧半径 =15mm-2mm=13mm（凹圆弧减去刀尖圆弧半径）；

大径 =50.06mm+13mm+13mm=76.06mm（底径 + 两个 13mm 的半径）；

起点长度 =5mm+2mm=7mm（长度 5mm 加刀尖圆弧半径 2mm，刀宽为 4mm，因为是以刀中心对 Z0 点，所以加刀宽的一半）；

终点长度 =30mm-4mm=26mm（圆弧长度减刀宽）。

T0303 M08;	（刀尖圆弧半径为 2mm 的槽刀，刀宽为 4mm，如图 4-4 所示）
M03 S400;	
G0 X82.5 Z4;	（安全定位到外圆。也是 G71 的起点）
G71 U1 R0.5 F0.2;	（每次单边车削 1mm，退刀 0.5mm，速度为 0.2mm/s）
G71 P10 Q20 U0.2 W0;	（X 轴留 0.2mm 精车余量，用 G71 二型加工，Z 轴不留余量）
N10 G0 X80.06 W0;	（二型必须加 W0，不加就是一型，一型做不了这个，会报警）

G1 Z-7 F0.2;　　　　　　　（车削到圆弧 Z 轴起点）

X76.06;　　　　　　　　　（车削到圆弧 X 轴起点）

G02 X76.06 W-26 R13;　　（车削圆弧）

G1 X80.06;　　　　　　　（G02 结束后必须带 G1，不然会报警）

Z-43;　　　　　　　　　　（由于刀尖是圆弧形的，所有需要车削过头，车削长一点）

N20;　　　　　　　　　　（G71 结束顺序号）

G70 P10 Q20;　　　　　　（G70 精车，精车走 N10 ～ N20 之间的程序段）

G0 Z150;

M30;

例 4-4 是用 G71 二型做的，二型简单方便。当机床不支持 G71 二型的时候，可以用 G73 做，也可以用 G01 和 G02 慢慢做，外圆刀具如图 4-4 所示。

本例题以刀尖中心对刀

图　4-4

圆弧刀 Z 轴对刀方法有 3 种：①以左边尖对 Z0；②以右边尖对 Z0；③以中心对 Z0。第 3 种以刀尖中心对可以在程序中使用 G42 刀尖半径补偿，8 号假想刀尖方向，其他两种则用不了。现在就用半径补偿进行实例编程。

例 4-5　编制图 4-3 程序。

T0303 M08;

M03 S500;

G0 X80.06 Z4;　　　　　　　（安全定位到起点）

G1 Z0 F0.2;　　　　　　　　（靠近工件）

G42 Z-5 F0.2;

G02 X80.06 Z-35 R15;　　　}（用半径补偿可以直接按图样尺寸编程,非常方便）

Z-43 G40;　　　　　　　　　（直线部分就可以取消半径补偿，取消用 G40）

用 G42 刀尖半径补偿，只要在 3 号刀补里面输入半径值 R2 和假想刀尖号 T8 就可以了。看到这里很多读者会疑惑：我的数控系统没有 G71 二型要怎么办？下面就用 G73 进行实例编程。

▶ **例 4-6**　编制图 4-3 程序。

O0008;

T0303 M08;

M03 S500;

G0 X84 Z4;

G73 U15 R14 F0.2;　　　　（单边留 15mm 余量，粗车循环车削 14 刀）

G73 P10 Q20 U0.2 W0;

N10 G0 X80.06;

G1 Z-7 F0.2;

X76.06;

G02 X76.06 W-26 R13;

G1 X80.06;

Z-43;

N20;

G70 P10 Q20;　　　　　　　（G70 精车循环，精车走 N10 ～ N20 之间的程序段）

M05;

M09;

G0 Z150;

M30;

以上就是用 G73 仿形加工编制的程序，G73 在第 2 章学习过，在这里就运用上了。

4.3 带轮算法实例

1）了解带轮的算法

2）学习切削的思路

带轮在生活和工作中应用很广，特别是机械厂、电机厂应用最多，数控车床上也有很多。下面学习单槽带轮的车削方法。

例 4-7   编制图 4-5 程序。

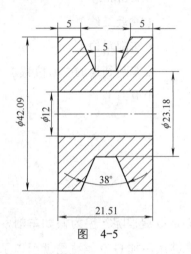

图 4-5

外圆槽算法：

斜边长度 =3.255mm[（21.51mm−5mm−5mm−5mm）÷2]；

斜边长度还有一种算法：tan19×[（42.09mm−23.18mm）÷2] ≈ 3.255mm。

程序如下：

T0303 M08;   （4mm 宽的槽刀，以刀尖中心对刀为 Z0 点，如图4-6
                         所示）

M03 S700;

G0 X45 Z2;   （安全定位）

Z-10.755;   （定位到槽的中间）

G75 R0.5;   （每次循环完毕后，单边退刀 0.5mm）

G75 X23.28 P2 F0.1;   （给 X 轴精车留 0.1mm 余量，每次单边切削进给

141

2mm）	
W3.755;	（以槽中心 Z-10.755 为基准，向正方向偏移 3.755mm）
G1 X42.09 F0.1;	（靠近工件）
X23.18 W-3.255;	（车削斜边）
Z-10.755;	（车削到槽的中心位置）
G0 X45;	（退刀，定位）
W-3.755;	（以槽中心 Z-10.755 为基准，向负方向偏移 3.755mm）
G1 X42.09 F0.1;	（靠近工件）
X23.18 W3.255;	（车削斜边）
Z-10.755;	（车削到槽的中心位置）
G0 X45;	（退刀）
M05;	
M09;	
G0 Z150;	
M30;	

　　为什么槽刀要以中心定位编程呢？因为假如车削多个槽，可以调用子程序来实现，只要在车槽程序结束后加 G50 偏移量就可以了。千分制编程的系统需把 P2 改为 P2000。

左边角碰到工件，在刀补里面输入 Z2

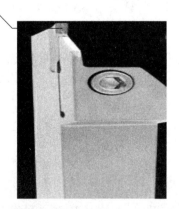

图 4-6

像这样的带轮同样可以用 G71 二型车削，用 35° 外圆正尖刀做，刀尖圆弧半径为 0.8mm，精车用 G42 半径补偿做，在刀补里面输入 R0.8，假想刀尖方向为 T8，外圆槽就是 8 号假想刀尖方向。

例 4-8　编制图 4-5 程序。

定位 =5.8mm[5mm+0.8mm（刀尖圆弧半径）]；

底部槽宽 =4.2mm。

程序如下：

T0404 M08;	（35° 正尖刀，如图 4-7 所示）
M03 S700;	
G0 X43 Z2;	（安全定位在外圆大小）
G71 U1 R0.5 F0.2;	（每次单边车削 1mm，退刀 0.5mm）
G71 P10 Q20 U0.1 W0;	（外圆留 0.1mm 余量，Z 轴不用留）
N10 G0 X42.09 W0;	（二型加 W0）
G1 Z-5.5 F0.2;	（给 Z 轴留 0.5mm 余量）
X23.18 W-3.255;	（车削斜边）
W-4;	[5mm−0.8mm（刀尖圆弧半径）−0.2mm（余量）]
X42.09 W-3.255;	（车削斜边）
Z-23;	（车削直线）
N20;	（G71 循环结束序号）
G0 X42.09 Z2;	（安全定位）
G1 Z0 F0.2;	（靠近工件）
G42 Z-5;	（用 G42 刀尖半径补偿直接按图样编程）
X23.18 W-3.255;	（车削斜边）
W-5;	（车直线）
X42.09 W-3.255;	（车削斜边）
Z-23 G40;	（车削直线，这里可以用 G40 取消半径补偿）
G0 U2;	
G0 Z150;	
M30;	

用 G71 二型做得比较慢，一般不推荐，但在系统支持的情况下，如果槽比较宽也可以用。

注意：对于异形槽，读者在编程中记得算刀宽，还有选择适合加工的刀具。

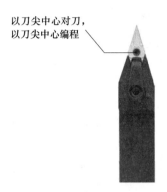

以刀尖中心对刀，
以刀尖中心编程

图　4-7

第 5 章

通用油槽实例精讲

8 字油槽，主要用于机械轴套、导套和机械配件。其作用为储油和润滑。下面学习如何加工内孔 8 字油槽。

5.1 单 8 字油槽实例

1）掌握油槽的算法

2）学习油槽的车削方法

例 5-1 编制图 5-1 程序。

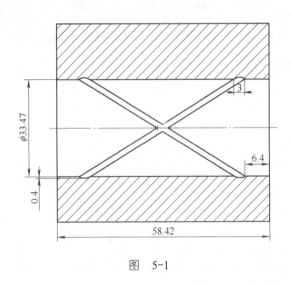

图　5-1

单 8 字油槽算法：

油槽长度 =42.62mm[58.42mm（总长）-6.4mm（前面的）-6.4mm（后面的）-1.5mm（槽宽的一半）-1.5mm（槽宽的一半）]；

油槽螺距 =42.62mm（油槽长度是多少螺距就是多少，这就是单 8 字油槽，因为螺距刚好旋转一圈就形成了单 8 字油槽）。

程序如下：

T0303 M08;   （内孔圆弧油槽刀，如图 5-2 所示）

M03 S50;   （转速不要太高）

G0 X32 Z2;   （安全定位）

Z-7.9;   （油槽起点，刀以中心对 Z 轴）

G32 X33.6 Z-50.52 F42.62;   （斜进刀，油槽头才不会有划痕）

G32 X33.8 Z-7.9 F42.62;

G32 X34 Z-50.52 F42.62;   （用斜进刀方式车削，省刀，效果很好）

G32 X34.2 Z-7.9 F42.62;

G32 X34.27 Z-50.52 F42.62;

G32 X34.27 Z-7.9 F42.62;

G32 X34.27 Z-50.52 F42.62;

G32 X32 Z-7.9 F42.62;   （斜退刀，油槽头才不会有划痕）

G0 Z150;

例 5-1 加工的是一个非常简单的单 8 字油槽，算法也简单，不需要角度，只需要算好螺距就可以了，所用刀具如图 5-2 所示。

这里对 Z1.5，那么刀中心就是 Z0

图　5-2

5.2 双 8 字油槽实例

1）掌握油槽的算法

2）学习油槽的车削方法

例 5-2 编制图 5-3 程序。

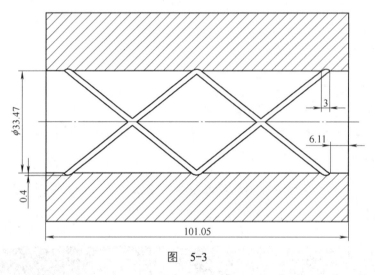

图 5-3

双 8 字油槽算法：

油槽长度 =85.83mm[101.05mm（总长）–6.11mm（前面的）–6.11mm（后面的）–1.5mm（槽宽的一半）–1.5mm（槽宽的一半）]；

油槽螺距 =42.915mm（油槽长度是多少，螺距就是油槽长度的一半，这就是双 8 字油槽，因为螺距刚好旋转两圈就形成了双 8 字油槽）。

程序如下：

T0303 M08;　　　　　　　（内孔圆弧油槽刀，如图 5-4 所示）

M03 S50;　　　　　　　　（转速不要太高）

G0 X32 Z2;　　　　　　　（安全定位）

Z-7.61;　　　　　　　　　（油槽起点，刀以中心对 Z 轴）

G32 X33.6 W-85.83 F42.915;　　　（斜进刀，油槽头才不会有划痕）

G32 X33.8 Z-7.61 F42.915;

G32 X34 W-85.83 F42.915;　　　（用斜进刀方式车削，省刀，效果很好）

G32 X34.2 Z-7.61 F42.915;

G32 X34.27 W-85.83 F42.915;

G32 X34.27 Z-7.61 F42.915;

G32 X34.27 W-85.83 F42.915;

G32 X32 Z-7.61 F42.915;　　　（斜退刀，油槽头才不会有划痕）

G0 Z150;

例 5-2 加工的是一个非常简单的双 8 字油槽，算法也简单，不需要角度，只需要算好螺距就可以了，所用刀具如图 5-4 所示。

这里对 Z1.5，那么刀中心就是 Z0

图　5-4

假如遇到更多的油槽，算法也是一样的，螺距旋转几圈就是几个油槽，逻辑思路就是这样的。

附录　螺纹参数

1. 英制螺纹表

附表 1　英制普通螺纹（惠氏螺纹）——小螺纹系列（BA）

名义尺寸	牙型代号	大径 /mm	螺距 /mm	每英寸牙数	中径 /mm	小径 /mm	牙型高 /mm	底孔直径 /mm
No.14	BA	1	0.23	110.4	0.86	0.72	0.14	0.75
No.13	BA	1.2	0.25	101.6	1.05	0.9	0.15	0.95
No.12	BA	1.3	0.28	90.71	1.13	0.96	0.17	1
No.11	BA	1.5	0.31	81.93	1.315	1.13	0.185	1.2
No.10	BA	1.7	0.35	72.57	1.49	1.28	0.21	1.35
No.9	BA	1.9	0.39	65.12	1.665	1.43	0.235	1.5
No.8	BA	2.2	0.43	59.07	1.94	1.68	0.26	1.8
No.7	BA	2.5	0.48	52.92	2.21	1.92	0.29	2
No.6	BA	2.8	0.53	47.92	2.48	2.16	0.32	2.3
No.5	BA	3.2	0.59	43.05	2.845	2.49	0.355	2.6
No.4	BA	3.6	0.66	38.48	3.205	2.81	0.395	2.95
No.3	BA	4.1	0.73	34.79	3.66	3.22	0.44	3.4
No.2	BA	4.7	0.81	31.35	4.215	3.73	0.485	3.9
No.1	BA	5.3	0.9	28.22	4.76	4.22	0.54	4.4
No.0	BA	6	1	25.4	5.4	4.8	0.6	5

附表 2　55° 圆锥管螺纹型式和尺寸

螺纹代号	基本尺寸 / in	大径 /mm	螺距 /mm	每英寸牙数	中径 /mm	小径（外螺纹）/mm	牙型高 / mm	圆弧半径 / mm	底孔尺寸 / mm
		$d=D$	p		$d_2=D_2$	d_3	H_1	r	
R1/16	1/16	7.72	0.907	28	7.142	6.561	0.581	0.125	6.4
R1/8	1/8	9.73	0.907	28	9.147	8.566	0.581	0.125	8.4
R1/4	1/4	13.2	1.337	19	12.301	11.45	0.856	0.184	11.2
R3/8	3/8	16.7	1.337	19	15.806	14.95	0.856	0.184	14.75
R1/2	1/2	21	1.814	14	19.793	18.63	1.162	0.249	18.25
R3/4	3/4	26.4	1.814	14	25.279	24.12	1.162	0.249	23.75
R1	1	33.2	2.309	11	31.77	30.29	1.479	0.317	30
R11/4	11/4	41.9	2.309	11	40.431	38.95	1.479	0.317	38.5
R11/2	11/2	47.8	2.309	11	46.324	44.85	1.479	0.317	44.5
R2	2	59.6	2.309	11	58.135	56.66	1.479	0.317	56
R21/2	21/2	75.2	2.309	11	73.705	72.23	1.479	0.317	71
R3	3	87.9	2.309	11	86.405	84.93	1.479	0.317	85.5
R4	4	113	2.309	11	111.55	110.1	1.479	0.317	110.5
R5	5	138	2.309	11	136.95	135.5	1.479	0.317	136
R6	6	164	2.309	11	162.35	160.9	1.479	0.317	161.5

注：1in=0.0254m。

附表 3　英制普通螺纹（惠氏螺纹）——粗牙（BSW）

名义尺寸 /in	牙型代号	大径 /mm	螺距 /mm	每英寸牙数	中径 /mm	小径（外螺纹）/mm	牙型高 /mm	底孔直径 /mm
Ww		$d=D$	p		$d_2=D_2$	d_3	H_1	
1/16	BSW	1.59	0.423	60	1.315	1.05	0.27	1.15
3/32	BSW	2.38	0.529	48	2.041	1.703	0.338	1.9
1/8	BSW	3.18	0.635	40	2.768	2.362	0.406	2.5
5/32	BSW	3.97	0.793	32	3.459	2.952	0.507	3.2
3/16	BSW	4.76	1.058	24	4.084	3.407	0.677	3.7
7/32	BSW	5.56	1.058	24	4.878	4.201	0.677	4.5
1/4	BSW	6.35	1.27	20	5.537	4.724	0.813	5.1
5/16	BSW	7.94	1.411	18	7.034	6.131	0.904	6.5
3/8	BSW	9.53	1.588	16	8.509	7.492	1.017	7.9
7/16	BSW	11.1	1.814	14	9.951	8.789	1.162	9.2
1/2	BSW	12.7	2.117	12	11.345	9.99	1.355	10.4
5/8	BSW	15.9	2.309	11	14.397	12.92	1.479	13.4
3/4	BSW	19.1	2.54	10	17.424	15.8	1.627	16.25
7/8	BSW	22.2	2.822	9	20.419	18.61	1.807	19.25
1	BSW	25.4	3.175	8	23.368	21.34	2.033	22
11/8	BSW	28.6	3.629	7	26.253	23.93	2.324	24.5
11/4	BSW	31.8	3.629	7	29.428	27.1	2.324	27.25
13/8	BSW	34.9	4.233	6	32.215	29.51	2.711	30.25
11/2	BSW	38.1	4.233	6	35.391	32.68	2.711	33.5
15/8	BSW	41.3	5.08	5	38.024	34.77	3.253	35.5
13/4	BSW	44.5	5.08	5	41.199	37.95	3.253	38.5
17/8	BSW	47.6	5.645	41/2	44.012	40.4	3.614	41.25
2	BSW	50.8	5.645	41/2	47.187	43.57	3.614	44.5
21/4	BSW	57.2	6.35	4	53.086	49.02	4.066	50
21/2	BSW	63.5	6.35	4	59.436	55.37	4.066	56
23/4	BSW	69.9	7.257	31/2	65.205	60.56	4.647	61.5
3	BSW	76.2	7.257	31/2	71.556	66.91	4.647	68
31/4	BSW	82.6	7.816	31/4	77.548	72.54	5.005	73.75
31/2	BSW	88.9	7.816	31/4	83.899	78.89	5.005	80
33/4	BSW	95.3	8.467	3	89.832	84.41	5.422	85.5
4	BSW	102	8.467	3	96.182	90.76	5.422	92
41/4	BSW	108	8.835	27/8	102.3	96.64	5.657	98
41/2	BSW	114	8.835	27/8	108.65	103	5.657	104.2
43/4	BSW	121	9.237	23/4	114.74	108.6	5.915	110
5	BSW	127	9.237	23/4	121.09	115.2	5.915	116.5
51/4	BSW	133	9.677	25/8	127.16	121	6.196	122.5
51/2	BSW	140	9.677	25/8	133.51	127.3	6.196	128.5
53/4	BSW	146	10.16	21/2	139.55	133	6.506	134.5
6	BSW	152	10.16	21/2	145.9	139.4	6.506	141

附表 4 55° 圆柱管螺纹的型式和尺寸

螺纹代号	基本尺寸 /in	大径 /mm	螺距 /mm	每英寸牙数	中径 /mm	小径（外螺纹）/mm	牙型高度 /mm	底孔尺寸 /mm
		$d=D$	p		$d_2=D_2$	d_3	H_1	
G1/8	1/8	9.73	0.907	28	9.147	8.566	0.581	8.7
G1/4	1/4	13.2	1.337	19	12.301	11.45	0.856	11.6
G3/8	3/8	16.7	1.337	19	15.806	14.95	0.856	15
G1/2	1/2	21	1.814	14	19.793	18.63	1.162	19
G5/8	5/8	22.9	1.814	14	21.749	20.59	1.162	20.75
G3/4	3/4	26.4	1.814	14	25.279	24.12	1.162	24.5
G7/8	7/8	30.2	1.814	14	29.039	27.88	1.162	28
G1	1	33.2	2.309	11	31.77	30.29	1.479	30.5
G11/8	11/8	37.9	2.309	11	36.418	34.94	1.479	35
G11/4	11/4	41.9	2.309	11	40.431	38.95	1.479	39.5
G13/8	13/8	44.3	2.309	11	42.844	41.37	1.479	41.5
G11/2	11/2	47.8	2.309	11	46.324	44.85	1.479	45
G13/4	13/4	53.7	2.309	11	52.267	50.79	1.479	51
G2	2	59.6	2.309	11	58.135	56.66	1.479	57
G21/4	21/4	65.7	2.309	11	64.231	62.75	1.479	63
G21/2	21/2	75.2	2.309	11	73.705	72.23	1.479	72.5
G23/4	23/4	81.5	2.309	11	80.055	78.58	1.479	79
G3	3	87.9	2.309	11	86.405	84.93	1.479	85.5
G31/4	31/4	94	2.309	11	92.501	91.02	1.479	91
G31/2	31/2	100	2.309	11	98.351	97.37	1.479	97.75
G33/4	33/4	107	2.309	11	105.2	103.7	1.479	104
G4	4	113	2.309	11	111.55	110.1	1.479	110.5
G41/2	41/2	126	2.309	11	124.25	122.8	1.479	123
G5	5	138	2.309	11	136.95	135.5	1.479	136
G51/2	51/2	151	2.309	11	149.65	148.2	1.479	148.5
G6	6	164	2.309	11	162.35	160.9	1.479	161.5

惠氏管螺纹（British Pipe Thread）——圆柱（BSPP/BSPF）

附表 5　英制普通螺纹（惠氏螺纹）——细牙（BSF）

名义尺寸 /in	牙型代号	大径 /mm	螺距 /mm	每英寸牙数	中径 /mm	小径（外螺纹）/mm	牙型高 /mm	底孔直径 /mm
BSF		$d=D$	p		$d_2=D_2$	d_3	H_1	
3/16	BSF	4.76	0.794	32	4.255	3.747	0.508	4
7/32	BSF	5.56	0.907	28	4.975	4.394	0.581	4.6
1/4	BSF	6.35	0.977	26	5.725	5.1	0.625	5.3
9/32	BSF	7.14	0.977	26	6.518	5.893	0.625	6.1
5/16	BSF	7.94	1.156	22	7.199	6.459	0.739	6.8
3/8	BSF	9.53	1.27	20	8.712	7.899	0.813	8.3
7/16	BSF	11.1	1.411	18	10.209	9.304	0.904	9.7
1/2	BSF	12.7	1.588	16	11.684	10.67	1.017	11.1
9/16	BSF	14.3	1.588	16	13.272	12.26	1.017	12.7
5/8	BSF	15.9	1.814	14	14.712	13.55	1.162	14
11/16	BSF	17.5	1.814	14	16.3	15.14	1.162	15.5
3/4	BSF	19.1	2.117	12	17.693	16.34	1.355	16.75
13/16	BSF	20.6	2.117	12	19.281	17.92	1.355	18.25
7/8	BSF	22.2	2.309	11	20.747	19.27	1.479	19.75
1.00	BSF	25.4	2.54	10	23.774	22.15	1.627	22.75
11/8	BSF	28.6	2.822	9	26.769	24.96	1.807	26.5
11/4	BSF	31.8	2.822	9	29.944	28.14	1.807	28.75
13/8	BSF	34.9	3.175	8	32.893	30.86	2.033	31.5
11/2	BSF	38.1	3.175	8	36.068	34.04	2.033	34.5
15/8	BSF	41.3	3.175	8	39.243	37.21	2.033	38
13/4	BSF	44.5	3.629	7	42.126	39.8	2.324	40.5
2	BSF	50.8	3.629	7	48.476	46.15	2.324	47
21/4	BSF	57.2	4.234	6	54.44	51.73	2.711	53
21/2	BSF	63.5	4.234	6	60.79	58.08	2.711	59
23/4	BSF	69.9	4.234	6	67.14	64.43	2.711	—
3	BSF	76.2	5.08	5	72.946	69.69	3.253	—
31/4	BSF	82.6	5.08	5	79.296	76.04	3.253	—
31/2	BSF	88.9	5.645	41/2	85.285	81.67	3.614	—
33/4	BSF	95.3	5.645	41/2	91.635	88.02	3.614	—
4	BSF	102	5.645	41/2	97.985	94.37	3.614	—
41/4	BSF	108	6.35	4	103.89	99.82	4.066	—

2．NPT 螺纹表

附表 6　K60°（NPT）圆锥管螺纹

公称直径 /in	每英寸牙数	外螺纹小头顶圆直径 /mm	内螺纹口径 /mm	有效牙长 /mm	加工牙长 /mm
1/4	18	13	11.6	10.2	14
3/8	18	16.4	15	10.4	15
1/2	14	20.5	18.7	13.6	18
3/4	14	25.7	23.9	13.7	19
1	11.5	32.3	29.9	17.4	23
1-1/4	11.5	41	38.8	18	26
1-1/2	11.5	47.1	44.8	18.4	26
2	11.5	59.1	56.9	19.2	30
2-1/2	8	71.2	67.9	28.9	33
3	8	87	83.9	30.5	37
4	8	112.1	109.3	33	43
5	8	139	136.3	35.7	50
6	8	165.8	163.1	38.4	55

3．米制螺纹表

附表 7　普通米制螺纹规格一览表　　　　（单位：mm）

规格	螺距	小径		大径	
		max	min	max	min
M1	0.25	0.785	0.729	1	0.933
M1.1	0.25	0.885	0.829	1.1	1.033
M1.2	0.25	0.985	0.929	1.2	1.133
M1.4	0.3	1.142	1.075	1.4	1.325
M1.6	0.35	1.321	1.221	1.581	1.496
M1.8	0.35	1.521	1.421	1.781	1.696
M2.0	0.4	1.679	1.567	1.981	1.886
M2.2	0.45	1.838	1.713	2.18	2.08
M2.5	0.45	2.138	2.013	2.48	2.38
M2.6	0.45	2.238	2.113	2.58	2.48
M3.0	0.5	2.599	2.459	2.98	2.874
M3.5	0.6	3.01	2.85	3.479	3.354
M4.0	0.7	3.422	3.242	3.978	3.838
M4.5	0.75	3.878	3.688	4.478	4.388
M5	0.8	4.334	4.134	4.976	4.826
M6	1	5.153	4.917	5.974	5.794
M7	1	6.153	5.917	6.974	6.794
M8	1.25	6.912	6.647	7.972	7.76

（续）

规格	螺距	小径		大径	
		max	min	max	min
M9	1.25	7.912	7.647	8.972	8.76
M10	1.5	8.676	8.376	9.968	9.732
M11	1.5	9.676	9.376	10.968	10.732
M12	1.75	10.441	10.106	11.966	11.701
M14	2	12.21	11.835	13.962	13.682
M16	2	14.21	13.835	15.962	15.682
M18	2.5	15.744	15.294	17.958	17.623
M20	2.5	17.744	17.294	19.958	19.623
M22	2.5	19.744	19.294	21.958	21.623
M24	3	21.252	20.752	23.952	23.577
M27	3	24.252	23.752	26.952	26.577
M30	3.5	26.771	26.211	29.947	29.522
M33	3.5	29.771	29.211	32.947	32.522
M36	4	32.27	31.67	35.94	35.465
M39	4	35.27	34.67	38.94	38.465
M42	4.5	37.799	37.129	41.937	41.437
M45	4.5	40.799	40.129	44.937	44.437
M48	5	43.297	42.587	47.929	47.399
M52	5	47.297	46.587	51.929	51.399
M56	5.5	50.796	50.046	55.925	55.365
M60	5.5	54.769	54.046	59.925	59.365
M64	6	58.305	57.505	63.92	63.32
M68	6	62.305	61.505	67.92	67.32

参 考 文 献

[1] 刘棋，等. 和鬼谷一起学数车宏程序 [M]. 北京：机械工业出版社，2015.